在北大等你

北大送给青少年的礼物

君成 著

天津出版传媒集团

天津科学技术出版社

图书在版编目（CIP）数据

在北大等你：北大送给青少年的礼物 / 君成著 . --
天津：天津科学技术出版社，2022.2（2022.8 重印）

ISBN 978-7-5576-9832-4

Ⅰ . ①在… Ⅱ . ①君… Ⅲ . ①成功心理 – 青少年读物
Ⅳ . ① B848.4–49

中国版本图书馆 CIP 数据核字（2022）第 014090 号

在北大等你：北大送给青少年的礼物

ZAI BEIDA DENGNI BEIDA SONGGEI QINGSHAONIAN DE LIWU

策 划 人：杨 譞
责任编辑：杨 譞
责任印制：兰 毅
出　　版：天津出版传媒集团
　　　　　天津科学技术出版社
地　　址：天津市西康路 35 号
邮　　编：300051
电　　话：（022）23332490
网　　址：www.tjkjcbs.com.cn
发　　行：新华书店经销
印　　刷：河北松源印刷有限公司

开本 880×1 230　1/32　印张 6　字数 130 000
2022 年 8 月第 1 版第 2 次印刷
定价：39.80 元

前言

PREFACE

对于很多青少年来说，北大就是一座精神圣殿，他们即便没有去过北大，但只要听到有人提"北京大学"或者"北大"，就会热血上涌，精神为之一振，心中就会油然而生一种敬仰之情。

了解北大的人都知道，北大具备她独一无二的魅力，正如一首诗所描述的：

未名湖是个海洋，

诗人都藏在水底。

灵魂若是一条鱼，

也会从水面跃起。

北大百余年来铸就了中国几代最优秀的学者。渊博的学识、闪光的才智、庄严无畏的独立思想，这一切又与"先天下"的严峻思想、刚正不阿的人格操守以及勇锐的抗争精神相结合，构成了一种特殊的精神魅力。

北大是崇尚个性的，"海纳百川，有容乃大。"如果要用这句话来形容一个学校，北大是当之无愧的。在人们的印象中，北大是一个言论自由、崇尚个性的地方。当你用心品味，你就会发现，北大人有着一份知识分子独有的人格坚守，一份对世俗强权的蔑视，一份彰显个性的傲骨与亲情。

对于青少年来说，北大的意义早已经远远超过她作为学校的角色本身，她的历史、她的精神、她的个性已经成为一种象征，时刻对青少年起着砥砺和教化的作用。

本书通过不同的方面，以北大人的事例为依托，充分诠释了北大教育理念中的精髓，阐述了北大人的生命精髓和人生哲理，触及了人生中朴素的感情和人性中本质的东西，挖掘出成长路上丰富的成功法则，为每一位青少年献上珍贵的人生礼物。

当代青少年可以通过本书铸就优秀品质，并树立起明确的精英意识，学会在学习和生活中自我选择，自我塑造，为成长为社会精英打下坚实的基础。

目 录

CONTENTS

礼物一

立志，方向比努力更重要

　　张爱玲有句名言"出名要趁早"，很多学子也以"立志要趁早"为目标。有目标才有动力，有梦想才有希望。每个人都希望过自己理想中的生活，成为自己理想中的人，但是因为种种约束和自身的不足，很多人一生都在空想中碌碌无为。作为无数人都望尘莫及的北大学子，他们之所以能够出类拔萃，在全国莘莘学子中脱颖而出，也是因为他们志存高远，敢于掌握和规划自己的命运。

认识自己，你在为谁读书

自知，是最大的精神财富。

——季羡林（曾任北京大学副校长，著名文学家、国学家、教育家和社会活动家）

在古希腊圣城德尔菲神殿上铭刻着一句话："你，认识自己吗？"那么，我们真正了解自己吗？我们也许经常会这样扪心自问，然而对很多人尤其是青少年来说，结果却只能是迎来一个更大的问号。因为，人类的内心世界是最复杂、最玄秘的，犹如浩瀚的海洋一般深不可测，令人难以琢磨，了解自己并非一件容易的事情。

认识自己，是我们心灵探索的起点，没有这一个起点，也就无法谈及心灵的成长。对此，曾担任过北京大学副校长的季羡林说过这么一句话："自知，是最大的精神财富。"季老先生认为，自知是一种可贵的品质，自知的人才有继续进步的希望。那些自视过高，觉得自己无所不能的人不仅可笑，而且可怜。正所谓学海无涯，知识是无穷尽的，若认为自己学遍了天下知识而无所不知，只能成为人人不屑的笑话人物。季老先生尤为喜欢有自知之明的人，他认为，只有这样的人才是有远见的人。

在《季羡林说自己》一书中，季老先生曾经说过这么一段话："古希腊哲人发出狮子吼：'要认识你自己！'……我是认识自己的，换句话说，是有点自知之明的。我经常像鲁迅先生说的那样剖析自己。"在生活中，他不仅这样说，更是这样做的。

20世纪80年代，季老先生曾几次受邀担任中国社会科学院副院长一职，但都被他婉言谢绝了。他说："我就是个教书匠，只会教书，不会做官。"后来，又有人极力推荐他担任中国作家协会主席一职，他同样予以婉言谢绝："叫我教授，我脸不会红；叫我作家，我脸会红，因为我只能算是作家票友，哪有资格当作协主席。"而后，他看到有人赋予自己"国学大师""学术泰斗""国宝"等字眼，心里颇为不安，觉得这三顶桂冠对自己来说，都属名不副实，赶紧主动请辞："三顶桂冠一摘，还了我一个自由自在身。身上的泡沫洗掉了，露出了真面目，皆大欢喜。"

很多人可能会说，是季老先生为人处世低调吧，所以不喜欢担任要职。其实不然，对于他认为自己能够担当的职位，季老先生可是欣然就职的。一次，外文局请他出任中国翻译协会名誉会长，他内心非常高兴，认为自己从事过翻译工作，有一定的翻译经验，并且关心翻译事业的发展，于是欣然应允了这项差事。任职中国翻译协会名誉会长后，他对协会的日常工作提了很多意见和建议，为我国翻译事业的发展做了很多实事。他对高职位的这种有取有舍的态度，正是基于认识自己、了解自己的审慎选择。

季老先生不仅对社会职位依据自己的能力有所取舍，在学术研究上，也处处显示出自知之明的低调。他经常说这样的话："我并不认为文章是自己的好。我真正满意的学术论文并不多。"

一次，在回答网友的提问时，季老先生回答说："他们把我说得太好了，只相信百分之六十就行了。我自己确实感到，盛名之下，其实难副。"由此可见，无论别人对他怎么恭维，而季老先生始终把自己看作是普通人，因为他真正了解自己的实力，并时刻秉持这种自知之明的心态。季老先生曾经这样评价自己："我尽管有不少的私心杂念，但我考虑别人的利益还是多于自己。我说过不少谎话，因为非此则不能生存。但是我还是敢于讲真话的，我的真话总是大大超过谎话。因此我是一个好人。"这段话可谓最能表明季老先生心怀自知之明的一个有效例证。

中国古代思想家老子曾经说过："知人者智，自知者明。"一个能够清醒认识自己的人是最难能可贵的。所以，青少年朋友，无论我们做什么，都要先考虑自己的能力，量力而行、尽力而为。因为一个人不管如何强大，他都有一条能力"底线"。真正聪明的人不会主动逾越这条"底线"。因为他知道，逾越了这条"底线"，自己不可能得到，反而更容易失去。

认识自己、有自知之明的人往往知道自己的短板在哪里，从而懂得扬长避短；而那些没有自知之明的自负者不乐于面对或承认自己的不足，所以往往会迷失方向。

一位哲人曾经说过："诚实地向他人展示自己，是一面勇敢的旗帜；诚实地向自己展开自己，是人生最优美的风景线。"只有懂得自知之明的人，才能将最真实、最优秀的自己展示出来，才能更加博得别人的喜爱。现实生活中，很多青少年朋友都希望获得良好的人际关系，拥有一个快乐的学习生活，拥有一个美好的发展前程。这个时候，我们首先应该做的就是认识自己，做好自我剖析，为自己的无知而求知。剖析，不单单是找出优点、肯定成绩，更关键的是要把自我剖析的手术刀滑向心灵的深处，对心灵进行忏悔式的追问：我的缺点到底在哪里？明天我将如何努力……只有在这个基础上，才能进一步完善自我，走好未来的人生路。

你的格局，决定你的志向

救国救民需先救思想。

——鲁迅（曾在北京大学任教，著名文学家、思想家、革命家，中国现代文学的奠基人之一）

鲁迅，是我国家喻户晓的现代伟大文学家、思想家和革命家，现代文学的奠基人，为我国文学事业的发展做出了巨大贡献。

其实，谈及鲁迅先生，其为后人所赞颂的除了卓越的文学成就，更有他朴实、坚定的爱国精神。当年受蔡元培之邀，鲁迅先生曾经在北大做过讲师，其间，他的"民族魂"激励着很多北大学子，成为他们效仿的榜样。

　　仔细回顾鲁迅先生的人生关键点，你会发现，鲁迅先生是一位一生都在抗争的勇士，他从青年时便立志要让中国摆脱列强的欺凌，从那时起，他的命运便与中华民族的兴衰荣辱紧紧地连在一起了。

　　鲁迅与周作人、郭沫若、郁达夫等著名作家都为留学日本派。1902 年 2 月，21 岁的鲁迅考取了留日官费生，远赴日本东京的弘文学院学习日语。两年后，进入仙台医学专门学校（1912年改制东北大学医学部）学习现代医学。很多人可能都非常好奇，在文学事业上取得卓越成就的大文豪当初为何学医呢？

　　原来，这与他父亲的病故有关。鲁迅之所以毅然选择学习现代医学，是因为父亲的病故使他对中医产生了严重的怀疑，他父亲是因庸医所误而过早地离开了人世。另一方面，在鲁迅的心中始终有这样的想法：中国之所以遭受外国列强的欺凌，其中的一个重要原因就是中国人的体格太弱。鲁迅想，如果将医学学好，自己不但在平时可以解除人民的病痛，为大众的健康服务，在战争时期还可以上前线做军医，为保卫祖国贡献出自己的力量。基于这些想法，鲁迅选择了研究医学。

　　然而，就在他进入仙台医学专门学校学医的第二年，他的志向改变了，开始了弃医从文的生涯。他为何又改变志愿了呢？

　　针对这件事，鲁迅曾在《藤野先生》一文中有所提及，他说，自己是受到了一部日俄战争的纪录片的影响。在这部影片里，他看到一个中国人被日本军队捉住杀头，而围观的一群中国人不但没有阻拦，反而若无其事地站在旁边看热闹。这个"中国人围观日军杀害中国人"的纪录片情节使鲁迅受到极大的刺激，这种残酷的事实令他意识到这样一个血淋淋的事实：对国人来说，精神上的麻木要比身体上的虚弱更加可怕。

那个被砍头的同胞，身体不是也很强壮吗？两个帝国主义国家在我们的领土上你争我夺，他们都是侵略者，都是我们的敌人，而他却去做一方的奸细，为虎作伥，亲痛仇快。活得糊涂，死得也糊涂。而那些围观者，把屠杀同胞当热闹看，他们的精神状态麻木到了何等可怕的地步！

经过一番痛苦的思考后，鲁迅在心中念道："救国救民需先救思想。"如果想要改变中华民族的凄惨命运，最紧迫的不是改变国人的健康状况，而是改变他们的精神状态和思想，提高大众觉悟才是当务之急。学医不能救国，学医只能医治人的身体，却不能解救人的精神。即使人们的身体健壮了，但不知道爱国，不知道反抗压迫，又有什么用呢？要唤醒民众，最好的方法就是用文艺作品来感染他们、教育他们。

有了这种意识后，鲁迅果断地弃医从文，希望用文学改造国人的"国民劣根性"。于是，他很快离开仙台医学专门学校，回到东京，翻译外国文学作品，筹办文学杂志，发表文章，从事文学活动……在当时，他与朋友们讨论最多的话题是中国的国民性问题：中国的国民性中最缺乏的品质是什么？其病根究竟在哪里？什么样的人性才是理想的人性……在思考这些问题的过程中，鲁迅将个人人生体验同整个中华民族的命运联系起来，积极投身于文学创作中，通过文章中蕴含的深刻思想来警醒世人，这些举动奠定了他后来作为一个文学家、思想家的基本思想基础。

为了国家的前进和民族的命运而弃医从文，这就是我国著名的文学家鲁迅。他的个人发展始终与国家命运休戚相关；他的存在专为他人的幸福而存在——这样伟大的人物，将永远活在大众的心中。

青少年在如今这样的时代背景下，如何发扬民族精神呢？最主要的途径就是好好学习，争取用所学的知识为国家的发展做出贡献，通过我们的双手和智慧使祖国变得更加强大。

找准方向，才能顺风而上

青年呵！你们临开始活动之前，应该定定方向。譬如航海远行的人，必先定一个目的地，中途的指针，只是指着这个方向走，才能有到达目的地的一天。若是方向不定，随风飘转，恐永无到达的日子。

——李大钊（曾任北京大学教授，伟大的马克思主义者、杰出的无产阶级革命家）

目标是一个人行动的指南针，指引我们的人生航向。严格来说，一个人无论现在有多大年龄，他真正的人生之旅，是从设定目标的那一天开始的，以前的日子，只不过是在绕圈子而已。为了获得良好的发展，获得人生的辉煌，我们势必要在一片杂乱中建立起秩序，找出一个正常的步调，确定一个人生目标。如果没有目标，我们就只能在人生的旅途上徘徊、绕圈，永远也到不了目的地。犹如空气之于生命一般，目标对于成功也非常重要。

奇幻儿童小说《爱丽丝漫游仙境》想必很多青少年朋友都曾经读过。在这本书中，有这样的一个片段：

主人公爱丽丝向小猫咪问道："亲爱的小猫咪，请你告诉我，我应该走哪条路呢？"

小猫咪这样回答："这在很大程度上看你要去什么地方啊！"

听了小猫咪的话，爱丽丝感到很迷惘，说道："去哪里我都觉得无所谓。"

小猫咪回答道："那么你走哪条路都可以。"

"这个……其实我只要能到达某个地方就可以了。"爱丽丝赶紧补充道。

小猫咪对爱丽丝说："亲爱的爱丽丝，你要相信自己，只要你一直走下去，肯定会到达那里的。"

现实生活中，有很多像爱丽丝这样迷惘、不知前行方向的青少年，他们虽然明白学习对自己来说很重要，也能够为获得理想的成绩而拼尽全力，然而，他们的努力并没有取得成效，主要原因在于他们从未树立一个明确的目标。没有明确的目标，即便再忙碌，也了无趣味。而且，更加令人担忧的是，由于缺乏目标，他们把大量的时间和精力浪费在一些无用的事情上去了。

对于每个人来说，目标的树立都非常重要，它是我们走向成功的基石。为自己的人生设立一个明确的目标，犹如在迷途中发现了北斗星，可以指引我们走上正确的道路。

拥有明确的目标，我们更容易心想事成。拥有明确目标的人，不会因无所事事而无聊，因为目标能够激励他不断进取，能引导他不断激发自己的潜能。所以，每一位青少年朋友都应该树立一个明确的人生目标，在这个目标的指引下，为未来而努力。

每个人都渴望达到最佳的目标，都希望成功，每个人都想要找到打开成功这扇门的那一把钥匙。

青少年朋友，从此刻开始，也为自己树立一个明确的目标吧！然后为实现这个目标而好好规划，努力、进取、坚持，相信不久后，你会从中体悟到一种充实感、成就感，渐渐地，你的人生路也会越走越顺、越来越好。

礼物二

求知，对人生应尽的礼仪

诗人郭小川曾经说过："在青春的世界里，沙粒会幻化成珍珠，石头会化成黄金。"没有人能够阻挡青春的魅力，没有人可以抗拒青春的力量，无数北大学子在兼容并包的学术氛围中尽情挥洒自己的青春热情。在漫漫的岁月中，学习是北大学子生活中的唯一主旋律，他们好学勤学，求知若渴，不以学习为义务，而是以最大的力量将学习作为自己人生应尽的礼仪。

求知，是一种人生选择

不读书，毋宁死！

——马寅初（曾任北京大学校长，著名经济学家、教育家、人口学家）

聪明的人都知道，人的生命的过程，就是一个求知的过程。在漫漫人生中，我们需要不断地学习，通过点滴的积累来充实自己、完善自己，这样我们才能进步，才能离梦想更近一点。

关于学习的重要性，古人早已阐述得相当透彻。唐代书法家颜真卿说："三更灯火五更鸡，正是男儿读书时。黑发不知勤学早，白首方悔读书迟。"北宋卓越的史学家欧阳修说："立身以立学为先，立学以读书为本。"两位才子的名言充分表达了学习的重要性，告诉我们，学习是一件很重要的事情，只有用功读书学习，才能掌握知识，使自己有用武之地。所以，青少年朋友，如果你想取得优异的成绩，成就理想的人生，一刻都不能放松学习，要把学习放在首要的位置。

我国著名的经济学家、教育家、人口学家，当了9年北大校长的马寅初先生就是一个重视学习、渴望通过读书改变命运的典范。他最有名的故事莫过于他为求学而纵身投河的故事。

马寅初，字元善，1882 年 6 月 24 日出生于浙江省嵊县（现嵊州市）浦口镇一个酿酒小作坊主家庭。在这个美丽、淳朴的小集镇上，马寅初度过了美好的童年时代。

　　随着年龄的增长，马寅初的心渐渐有了新的想法，他时常满腹心事。这一切均是因为他受维新思潮的影响渴望外出读书，看看外面的世界，而父亲却要他留下读私塾、继承家业。于是，他和父亲展开了对抗。

　　一天，父亲语重心长地对马寅初说："元善，你已经长大了，再不是个小孩儿了，我和你母亲年纪都一大把了，所以父亲希望你能继承家业！"

　　马寅初听了父亲的话，非常着急，一口回绝了："不，我不这样！我不愿意当小老板，我想出去读书，我想出去读书！"

　　父亲听了马寅初的话，气得火冒三丈，一边大喝："你竟然敢和我犟嘴，还不给我跪下！"一边生气地拿起竹篾朝马寅初劈头盖脸地抽打起来，"看我不打死你这个孽子……"

　　"爹，您就是将我打死，我也不会去做生意的，就是死我也要出去读书！"马寅初忍着疼痛，大声地表达着自己对于读书的渴望……

　　马寅初的母亲王氏听见父子俩的争吵声，赶紧跑出来劝解。当王氏伸手去夺丈夫手中高高举起的竹篾时，马寅初趁机从地上站起来，像惊兔一样跑出了家门。他一口气跑到了浦口镇外。在黄泽江和剡江的汇合处，湍急飞速的江流闪着白光，站在江岸上的马寅初暗暗地发下了这样的誓言："不读书，毋宁死！"然后，他默默地回过头，朝家的方向凝望了一会儿，在心里对母亲说："亲爱的母亲，我是多么渴望读书啊！既然无法读书，那我活着也没有什么意思了，请您多保重，孩儿和您永别了！"说完这一段话，他慢慢地回转身，一咬牙，竟跳进了茫茫的江流之中……

幸运的是，马寅初投江后马上就被人发现了，他很快被人救了上来。看着儿子那份对读书的渴望，马寅初的父亲心软了，只好托在上海经商的好友张江声——上海瑞纶丝厂老板将马寅初带走。1898年夏秋之交，马寅初进入教会学校"英华书馆"，开始了中学生活。这是马寅初在人生旅程中迈出新生的具有决定意义的一步。从此，他就像一只破茧而出的鸟儿，开始了凌空展翅的生活。后来，他通过自身的努力，最终成长为我国杰出的经济学家、教育家和人口学家。

英国哲学家培根说："天生的才干如同天生的植物一样，需要靠学习来修剪。"如今虽然是个多元化时代，行行可以出状元。然而，通过在学校读书学习仍然是广大青少年成才的最有效的途径。所以，青少年朋友一定要做一个乐于学习、善于追求的人。当知识转化为智慧之船，那么我们的人生里程的航行也就有了方向。

做时间的掌控者

燕子去了，有再来的时候；杨柳枯了，有再青的时候；桃花谢了，有再开的时候。但是，聪明的，你告诉我，我们的日子为什么一去不复返呢？——是有人偷了他们罢：那是谁？又藏在何处呢？是他们自己逃走了罢：现在又到了哪里呢？

——朱自清（毕业于北京大学，著名散文家、诗人、学者）

青少年朋友可能都有这样的体会，在童年时代，对于光阴的流逝很少会发感慨，然而随着时间的流逝、年岁的增长，会越来越感觉时间的可贵，时间对我们的价值也越来越高，尤其是在逢年过节时，我们总会发出时不待我、韶华易逝的感慨。

中国有句谚语说明了时间的重要性："一寸光阴一寸金，寸金难买寸光阴。"对于任何人而言，光阴都不是无穷尽的，而是转瞬即逝的。任何人都无法完全追上时代的脚步，唯有珍爱时间，穷尽一生努力学习，或许才能站到时代的前端，不致被历史的海浪吞没。青少年朋友在求学阶段，切勿荒废学业，而应珍惜时间，勤奋读书，不可偷懒，做时间的强者。与北大有着很深渊源的鲁迅先生，每一天几乎都是在挤时间中度过的。他曾说过："时间，就像海绵里的水，只要你挤，总是有的。"

鲁迅 12 岁时，在家乡的一个私塾读书。当时他的父亲正身患重病，两个弟弟还年幼。鲁迅不仅经常去当铺、跑药店，还得帮助母亲做家务。为了不影响学习，他必须合理安排好时间。为此，他经常挤时间来读书。

鲁迅有着非常广泛的读书兴趣，他既喜欢写作，又非常爱好民间艺术，尤其是绘画。正是由于他涉猎广泛，所以时间对他来说是非常重要而紧迫的。鲁迅一生多病，工作条件和生活环境都不好，但他每天都要工作到深夜才肯罢休。

在晚年，鲁迅更加重视时间的利用。尽管当时的政治形势非常紧张，他身体又不好，但他仍然如饥似渴地学习，夜以继日地忘我工作。生病时，他就想着病好了要做什么事；病情稍有好转时，他就抓紧工作。他在去世前不久，在体温很高、体重减轻到不足八十斤的情况下，依然笔耕不辍。他在去世前三天，还给别人翻译的苏联小说集写了一篇序言；他在去世的前一天，还记了日记。鲁迅先生一直战斗到离开人世的那一天，从没有浪费一分一秒。

在鲁迅先生的眼中，时间就如同生命一样珍贵。"美国人说，时间就是金钱。但我想：时间就是性命。倘若无端地空耗别人的时间，其实是无异于谋财害命的。"因此，鲁迅先生最讨厌那些东家跑、西家坐的人，在他忙于工作的时候，如果有人来找他聊天或闲扯，即使是很要好的朋友，他也会毫不客气地对人家说："唉，你又来了，就没有别的事好做吗？"

对于一个珍惜时间、视时间如生命的人来说，浪费时间就等于谋害其生命。前北大副校长季羡林先生曾经写过这样的一段话："一过中年，人生之坡好像是从高坡上滑下，时光流逝得像电光一般，它不饶人，不了解人的心情，愣是狂奔不已。一瞬间，'两岸猿声啼不住，轻舟已过万重山。'滑过了花甲，滑过了古稀，少数者或者什么者，滑到了耄耋之年。人到了这个境界，对时光的流逝更加敏感。年轻的时候考虑问题是以年计，以月计。到了此时，是以日计，以小时计了。"所以，青少年朋友，我们不应该将自己的时间浪费在无谓的事情中，面对时光的流逝，应该学会珍惜。

毕业于北大的小说家阎真在回顾自己的成才之路时说："我懂得自己最擅长的技能是什么，并坚持下去。我这辈子打了十年工，当过临时工、铣工、砖瓦匠、厨师，但一直没有放弃对文学的爱好，后来才当了作家。"阎真的一生经历，可谓坎坷、多难。后来，在自己的努力下，成功考入北大，毕业后从事文学创作，凭借小说《沧浪之水》获得了《当代》2001年度文学大奖，被评选为"进步最大的作家"。

1973年，高中毕业后，阎真感到非常迷茫和失落，当时的他既没有大学可考，也没有获得被推荐上大学的机会，迫于无奈只好留在城里打了3年小零工。其间，他曾经替人盖房子，挑砖、倒水泥，什么活累干什么，只为了能赚得生活费。有时灰尘和汗水将他的眼镜片弄得一片模糊，使他走路跟跟跄跄被人笑话，他也不说什么。每晚躺在床上，他想得最多的是去国营单位当个正式工人，再不用飘来荡去的。然而，这个想法对他来说又极为不切实际。这一切都让他深感绝望。

阎真唯一深感欣慰的是，他有书可读。阎真非常喜欢读书，无论活儿多累，他都坚持读书。每天清晨6点多他就起身，到偏僻的地方去诵读。韩愈的《师说》、柳宗元的《捕蛇者说》都是在那时背下的。即便30多年的时间过去了，其中的文字他仍旧记得清清楚楚。

此外，阎真学习英文也是非常认真的。由于时间紧张，他没有专门的时间学习，都是利用休息的零散时间学。有时候要上工了，他就在手上抄10个英语单词，把挑土的担子一放下，就把手背扬起来记一个。

1976年，阎真离开工地，到某技工学校求学，其间他学了两年铣工。毕业后，他被分配到了株洲拖拉机厂，主要工作是给拖拉机驱动轴的一个零件铣槽。当时的机器是自动运转的，把零件放上去，过3分钟再取下来，一天要做几百根。在整整两年的时间里，阎真每一个3分钟都没有白白浪费，其间，他对着书本不是背公式就是记古诗，也不管别人骂他是书呆子。

上班时间争分夺秒，下班时间阎真也不敢有丝毫松懈，他顾不上换下油迹斑斑的工作服，就直奔图书馆，一坐就坐到关馆门。

就是在这种勤学苦读下，1980年，阎真考入了北京大学。

大学毕业后，阎真争取到了一个出国留学的机会。在留学期间，阎真的时间更是没有一丝一毫的浪费，他边打工边读书。那时，他最大的消遣就是到公共图书馆借书来读。《红楼梦》他读了四次，常常读得热泪盈眶。正是这部书教会了他写小说。

谈及替人打工的这十年，阎真感慨万千。他说，在这十年中，他觉得自己并没有将时间浪费掉，反而觉得正是这宝贵的十年培养了他的平民化思想，使他懂得体恤底层人民的悲欢，加深了对社会的了解："可以说，人生的每一段经历都是有意义的，就看你自己的理解。"

阎真的故事告诉青少年朋友：伟大的著作往往是汗水和时间凝结的精华。争分夺秒下学到的东西往往是那么可贵！

时间，对于懂得它意义的人来说，是多么重要！珍惜时间的人永远不明白，为什么有人总是在浑浑噩噩地浪费生命。珍惜时间的人往往懂得见缝插针，将零碎的时间利用好，从不浪费一分一秒，这样的人最终必会有一份丰厚的回报。

青少年朋友，在以后的生活中，也要学会珍惜时间，好好地利用好宝贵的光阴。试想一下，如果你能每天抽10分钟来阅读新知识，细算下来，一个月就是5个小时，一年就是60个小时。

一年下来，你能获得多少新知识啊！很多时候看似细小的琐碎，实际上可以积少成多。而正是这些宝贵的琐碎时间，成就了很多成功者。

求知若饥，人生方得真味

如果我有优点的话，我只讲勤奋。一个人干什么事都要有一点坚忍不拔，锲而不舍，没有这个劲，我看是一事无成。

——季羡林（曾任北京大学副校长，著名文学家、国学家、教育家和社会活动家）

苹果联合创始人史蒂夫·乔布斯在 2005 年美国斯坦福大学的毕业典礼上，送给毕业生的劝告是："求知若饥，求学若愚。"而乔布斯自己也正是凭借这句话走向了事业的成功。

乔布斯在几十年的人生生涯中，时时刻刻秉持这句话的深刻内涵，真正做到了"求知若饥，求学若愚"。

所谓"求知若饥，求学若愚"，意思是说吸收知识就像是饥饿时想吃东西一样，形容对知识很渴望；向他人请教时要像什么都不懂，形容非常谦虚好学。其实这句话最初并非出自乔布斯之口，而是美国著名的科技预言家和科技作家凯文·凯利。针对乔布斯的这句人生座右铭，凯文·凯利给予了最简单、最通俗易懂的解释，他是这么说的："我们必须了解自己的渺小，如果我们不学习，科技的发展速度会让我们所有的一切在5年后被清空。所以，我们必须用初学者谦虚的自觉，饥饿者渴望的求知态度来拥抱未来的知识。"

我国著名作家冰心曾经写过这样的一首诗："成功的花儿，人们只惊羡她现时的明艳！然而当初她的芽儿，浸透了奋斗的泪泉，洒遍了牺牲的血雨。"这首诗的意旨就是成功的获得需要付出努力和汗水。

古往今来，人们怀抱着各种各样的目标，在通往成功的道路上跋涉。但成就不是靠偶然的运气获得的，尽管也有天上掉馅饼的时候，但踏踏实实努力、勤勤恳恳学习才是通向成功的正途。回望历史，一些大家之所以能够在自己的领域取得成功，无不得益于他们"求知若饥，求学若愚"的精神。科学家牛顿写作《编年史》，先后修改了15次才算满意；文学家爱德逊阅读了大量的原始资料，写了3个手稿，才最终完成《观众》的创作；苏格兰哲学家休谟写作《英国历史》时，每天伏案13个小时；法学家孟德斯鸠谈到自己的创作时说："你在几个小时内就能读完的这本书，你知道它花费了我多少时间吗？我连头发都熬白了！"……历史上无数在事业上取得成功的人，几乎都有自己的一部血泪奋斗史。他们通过自己强大的求知欲、谦虚心态，攀登一座又一座华美的事业高峰。

我国著名哲学家、北大哲学系教授冯友兰就是一个典型的例子。冯友兰是一个对知识充满无限渴望，并始终秉持谦虚精神面对学术的人。面对广博的中国哲学与世界哲学，他从未为自己所了解的东西而满足，反而是一种永不知足的心，让他不断地走向更为广阔的哲学世界。于是，他成为了解中国哲学不可跨越的人物，他成为世界范围内不容忽视的哲学家。

冯友兰终其一生都在为哲学而努力，西方因他的著作而知晓中国哲学，就连中国人自己研究中国哲学，冯友兰都是可超而不可越的人物，他所著的"三史六书"是所有了解中国哲学的人都不可能绕过的。正如他自己所说："人在名利途上要知足，在学问途上要知不足。在学问途上，聪明有余的人认为一切得来容易，易于满足于现状。靠学力的人则能知不足，不停留于现状。学力越高，越能知不足。知不足就要读书。"这便是他学术成功的动力。

做学问至此，冯友兰无疑是成功的，甚至可以称得上是中国哲学界的天才，但冯友兰付出的努力也远非常人所能想象。从一个中国哲学的门外汉到无法跨越的大师，其中的艰辛与汗水都是为成功而付出的代价。冯友兰正是秉持着这份刻苦、谦卑，才收获了如此之高的学术成就。

世界上并没有真正的天才，有的只是一种天分，而勤奋能够将天分变为天才。只有勤奋，才能让人永远追求进步，永不停息。

李玲瑶，美籍华人，国际金融学博士，现任北大、清华的客座教授及数家公司的董事长。

　　从学生时代起，李玲瑶就凭着自己那股好学上进、勇敢干练的拼劲，加上端正大方的容貌、快乐开朗的性格，受到了老师和同学们的欣赏，并被推举为台湾大学学生会主席和美国加州台大校友会主席。大学毕业后，李玲瑶前往美国马里兰大学留学，选择攻读了当时的前沿学科——计算机专业。在获得计算机学位后，李玲瑶在硅谷做了8年的资深电脑分析员。同时，她的丈夫胡公明完成了核物理方面的深造，获得博士学位，并供职于著名的通用电气公司。

　　1980年，李玲瑶和丈夫决定开创自己的事业，在硅谷创办公司，不到两年，他们实现了自己的第一步目标，成为百万富翁，同时，公司也从高科技领域扩展到房地产和进出口贸易领域，并在北京、香港等地建立了办事处。此时的李玲瑶从一个纯粹的文化人发展成为一个蓬勃发展的企业家。

　　虽然在事业上取得了巨大的成功，但这一切并没有让李玲瑶止步。在开展工作的同时，她意识到自己在经济理论方面存在某些不足。于是，好学的她便在48岁时重新选择进入学校学习。每次上课她都坐在第一排的正中间，从不落一次课，认认真真做每一份习题论文。同时，李玲瑶还自学了经济学本科方面的所有课程，再加上硕士和博士的5年，她读完了经济学9年的课程。之后，她又上北大，并戴上了北大博士帽，而她的事业也越来越辉煌。

中国古代教育学专著《学记》中有这么一段话:"玉不琢,不成器;人不学,不知道。故学然后知不足。"只有学而知不足,才能让一切皆有可能。

前北大副校长季羡林老先生经常对年轻人说:"人生没有捷径,一步一步地走,才走得最快。"在事业上,只有那些脚踏实地、求知若饥的人,才有可能触及知识的巅峰。正所谓"天道酬勤",天意总是厚待那些勤劳、勤奋的人。只要你肯努力,不投机取巧,踏踏实实、认认真真地做人做事,就一定能成功。

求学没有终点,人生永远在路上

做人要老实,学外语也要老实。学外语没有什么万能的窍门。俗语说:"书山有路勤为径,学海无涯苦作舟。"这就是窍门。

——季羡林(曾任北京大学副校长,著名文学家、国学家、教育家和社会活动家)

我国古代著名文学家韩愈有这样一句治学名言:"书山有路勤为径,学海无涯苦作舟。"意在告诉人们,在读书、学习的道路上,没有捷径可走,没有顺风船可驶,想要在广博的书山、学海中汲取更多的知识,"勤奋"和"潜心"是两个必不可少的,也是最佳的条件。其实,对每个人来说,学习是没有时间上的限制的。学海无涯，学无止境，这是一个再恰当不过的说法。

北大某教授曾讲过"江郎才尽"的故事来强调学习的重要性，并警示他的学生要有不停学习的精神。

南北朝时，有一位名叫江淹的人，他是当时有名的文学家。江淹年轻的时候很有才气，会写文章也能作画，在当时负有盛誉。

可是，当他年纪渐渐大了以后，他的文章不但没有以前写得好了，而且退步不少。有时提笔吟握好久，依旧写不出一个字来；偶尔灵感来了，诗写出来了，但文句枯涩，内容平淡。于是就有人传说，在他中年为官以后，有一天晚上，他梦见一个自称郭璞的人，对他说："我的五彩笔在你处多年，请你还给我吧！"江淹听了这话以后，到自己怀中去摸，摸到五彩笔便还给了郭璞。从此以后，江淹写诗作文便再也没有优美的句子了。因此，人们都说江郎的才华已经用尽了。

据史学家考证，江淹确有其人，他的诗文到后来退步也是真有其事，但他一落千丈的根本原因不是上面说的那个还五彩笔的传说。他早年家境贫寒，所以学习刻苦，"留情于文章"，而且非常注意向有成就的前辈学习。"于诗颇加刻画，虽天分不优，而人工偏至"，也就是说他虽缺乏做学问的条件，却以加倍的努力去钻研。他的成就，不是天意神授，而是来自于勤和思，勤奋不息，好学不倦，这就是他前半辈子誉满朝野的根本原因。到了后半辈子，官做大了，名声也大了，认为平生所求皆已具备，功名既立，可及时行乐了，于是由嬉而随，耽于安乐，自我放纵，再不求刻苦砥砺了。他自己说他性有三短，其中的"体本疲缓，卧不肯起""性甚畏动，事绝不行"等就属于"随"的劣性。"随"导致他事业心消失，他只"望在五亩之宅，半顷之田"，什么治国平天下的雄心壮志都烟消云散了。后来学疏才浅，诗文褪色，"绝无美句"，也是必然的结局。

学习如逆水行舟，不进则退。学习贵在勤勉和持之以恒，若在一点成就面前沾沾自喜或满足现状，再聪明的天才也会有江郎才尽的那一天。因此孔子才说："温故而知新。"通俗地讲，就是要不断复习学过的内容，才能知道新的内容。你一旦懒散，不但学不会新的，恐怕要像江郎一样，连旧的也忘却了。

我国古代伟大的思想家孔子说："吾十有五而志于学，三十而立，四十而不惑，五十而知天命，六十而耳顺，七十而从心所欲，不逾矩。"纵观孔子的一生就是学习的一生，他从十五岁立志学习，一直到去世都还在苦苦求索。北大副校长季羡林也是一个学习到老的人。

季羡林先生1911年8月6日出生于官庄，6岁时赴济南求学，1930年考入清华大学，1946年从德国学成回国后受聘于北京大学，创办了东语系。作为世界上极少数精通梵巴语、吐火罗语的学者之一，在世界上享有盛誉。

谈及对学问的追求，用四个字形容季羡林先生非常贴切，这四个字就是"马不停蹄"。季老从不肯让自己有半刻停歇下来。对季老来说，学习没有时间、地点和年龄的限制。从幼年时代初进学堂，及至耄耋之岁，季老从没有停止过对学问的追求。学习是他每天都要做的一件事，犹如吃饭、睡觉一样平常，不可或缺。

季老极为推崇终生学习制，就像他在一篇文章中说的那样，他想做的是一个"永恒的大学生"。"我的大学生活是比较漫长的：在中国念了四年，在德国哥廷根大学又念了五年才获得学位。在哥廷根大学，我简直如鱼得水，到现在已经坚持学习了将近六十年。如果马克思不急于召唤我的话，我还要继续学下去。"

季老在追求学问上态度非常谦虚。他不会因为自己不在学校，没有老师在身边，或者因为自己已是一位八九十岁的老者，就觉得自己已经才高八斗，学识渊博，不用再学习。相反，随着年龄的增长，他自觉需要学习的东西越多，感叹"老马不识途"，迫切地希望自己获得更多知识，学习的积极性不降反增。

在十年浩劫期间，季老也没有放松学习的脚步。他冒着生命危险，翻译出了印度史诗《罗摩衍那》。该翻译也成为世界翻译史上的一件盛事。

对季老而言，他学术思想的迸发时间是在他70岁之后。多年来的积累、学贯中西的文化素养让他厚积薄发，才思泉涌。

后来，笔耕不辍的季老先后主编了《传世藏书》《四库全书存目丛书》，出版了二十四卷本的《季羡林文集》等。对此，季老经常说的话是，他做学问就像是农民耕作，一分耕耘换来一分收获。

总结季老求学的一生，他连续写出 700 多万字的著作，可谓创造出了学术界的奇迹。

季老先生的学习态度启示我们青少年：在学习中不断更新自己的知识，在生命的延展中不断焕发希望和蓬勃之气，会让人越活越年轻！而这也正是季老虽已年老，依然精神百倍的原因之一。在人生的各个不同阶段，知识能给人以不同的启发，虽至耄耋，学亦不止。老年之时继续学习，也会有新的开悟，催发出新的生命活力。对于年老的季老来说，学习已经不仅仅是一种行为，更是他顽强生命力的一种体现。

我国伟大的诗人屈原说过："路漫漫其修远兮，吾将上下而求索。"从古到今，从古人到现代人，没有哪个人能将所有的知识学完。因为人的生命是有限的，但知识是永远也学不完的。

青少年朋友，你要知道，学习不应该有满足之心，因为人的一生，要学的东西很多，应该有的放矢，缺什么，学什么，这样才能不落后于社会。知识的海洋无边无际，在这一浩瀚的海洋里，如果你拥有强烈的求知心态，你的人生将更加充盈。

礼物三

独立精神，让你
成为更好的自己

胡适于 1946 年在北大毕业典礼中
发表了自己关于"独立精神"的演讲：
"独立是你们自己的事，给你自由而不
独立这是奴隶，独立要不盲从，不受欺
骗，不依傍门户，不依赖别人，不用
别人耳朵为耳朵，不以别人的脑子为脑
子，不用别人的眼睛为眼睛，这就是独
立的精神。"这段话被后来人无数次地
引用和借鉴，从此而奠定了北大特有的
传统精神。作为中国最高学府的学生，
一代又一代的北大人始终坚持遵循并践
行着独立自主的传统精神。

独立，是自由的基础

你们不要总在争自由，自由是外界给你们的，你们先要争独立，给你自由，你不争独立仍是奴隶。

——胡适（曾任北京大学校长，著名学者、诗人、历史学家、文学家）

1946 年，原北大校长、现代著名学者胡适先生某次在北大演讲中曾说过这样一句话："你们不要总在争自由，自由是外界给你们的，你们先要争独立，给你自由，你不争独立仍是奴隶。"在很多时候，独立比自由更重要。独立的研究、独立的思想、独立的人格，是一个成功者必须具备的基本素质。

一个人的奋斗过程，也就是追求独立的过程，包括生存独立、经济独立、思想独立、感情独立、人格独立、意志独立等。独立可以成就一个人的一生。养成了独立的品性，我们就可以主宰自己的命运，成为自己人生的主人。

著名作家刘墉为了培养儿子独立的性格、锻炼儿子的独立生存能力，在儿子上高中时，他把儿子送到一所离家很远的学校。由此可见，刘墉先生对儿子独立品格培养的重视。其实，不仅是刘墉先生，美国前总统肯尼迪的父亲也非常注重对儿子独立性格和精神状态的培养。

一次，肯尼迪的父亲赶着马车带儿子出去游玩。走到一个拐弯处的时候，由于马车速度非常快，猛地把小肯尼迪给甩出了马车。当马车停住时，儿子以为父亲会下来把他扶起来，然而父亲却没有这么做，而是继续坐在马车上，还悠闲地吸着烟。

儿子朝父亲叫道："爸爸，你快来扶我呀。"

"你摔得疼不疼啊？"

"疼！我觉得自己站不起来了。"儿子带着哭腔说。

"那也要坚持站起来，重新爬上马车。"

儿子挣扎着站了起来，摇摇晃晃地走近马车，艰难地爬了上去。

父亲摇动着鞭子问："儿子，你知道爸爸为什么让你这么做吗？"

儿子摇了摇头。

父亲说："人生就是这样，跌倒、爬起来、奔跑，再跌倒、再爬起来、再奔跑。在任何时候都要靠自己，没人会去扶你的。"

的确如此，你的一切成功、一切成就，完全决定于你自己。

"在我的生活中，我就是主角。"这是台湾作家三毛的自信之言。其实，我们青少年也应该立志成为自己生命的主角。清代画家郑板桥说过："淌自己的汗，吃自己的饭，自己的事情自己干，靠天靠地靠祖宗，不算是好汉。"这是对独立的最好解释。如果不靠自己的努力，那谁也保证不了你的成功。一个人一生中不可能一帆风顺，总有面对挫折、困难的时候。我们是否是一个性格独立的人，是能否成功的关键。一个人只有彻底摒弃依附别人的个性，养成独立的性格，才不会把自己的命运寄托在所依附的人身上，也只有这样，才会拥有成功的人生。

日本著名企业家松下幸之助曾经说过这样一段话："狮子故意把自己的小狮子推到深谷，让它从危险中挣扎求生，这个气魄太大了。虽然这种作风太严格，然而，在这种严格的考验之下，小狮子在以后的生命过程中才不会泄气。在一次又一次的跌落山涧之后，它拼命地、认真地、一步步地爬起来。它自己从深谷爬起来的时候，才会体会到'不依靠别人，凭自己的力量前进'的可贵。狮子的雄壮，便是这样养成的。"

青少年朋友，你们一定要明白一个道理，即生命当自主，一个人若总依靠别人，则容易受制于人，被人或物"奴役"，享受不到创造之果带来的快乐。

依靠别人、追随别人，凡事喜欢让别人去思考、去计划、去执行，固然会省去自己的很多心力，但长久下去，独立性会越来越低。聪明的人可能会一时地依赖他人，但是待时机成熟，他会毅然决然地抛弃身边的每一根拐杖，进行独立思考、独立规划、独立执行，他们认为："一个身强体壮、背阔腰圆，重达近150磅的年轻人竟然两手插在口袋里等着帮助，无疑是世上最令人恶心的一幕。"

青少年朋友，生活在这个世界上并不容易，活就要活出一个精彩的人生，千万不要将自己当成他人的配角看待，而要力争做自己命运的主角，这样，当你行至人生末尾时，才不会留下遗憾。

人生的价值，靠自己的能力来获取

第一个青春是上帝给的；第二个的青春是靠自己努力的。

——海子（毕业于北京大学，著名诗人）

周海婴，是我国著名作家、原北大讲师鲁迅和许广平的独子，毕业于北京大学物理系，是我国老一辈无线电专家。他靠自己一步步的努力才有了今天的成就。他平生最不愿做的事，就是在父亲的光环下生活。而他也正是这么做的，最终凭借自己的力量赢得了社会的认可。

鲁迅先生曾经在自己的遗嘱中留言"希望后代万不可做空头文学家"。父亲的这一教诲始终贯穿于周海婴的一生。

周海婴在回忆父亲时曾说："父母对我的启蒙教育是顺其自然，从不强迫，不硬逼。"周海婴出生于1929年9月。在他即将出生的时候，许广平一度出现难产的迹象。当医生为此征求鲁迅先生是留大人还是留孩子时，鲁迅先生不假思索地说："留大人。"

令人惊喜的是母子平安。

也许鲁迅先生认为这孩子是意外的收获，为了孩子的坚强，他对这个新生命倾注了浓浓的父爱。海婴这个名字，鲁迅先生取自"上海出生的婴儿"这一意思。他对海婴的教育完全按照他于1919年写的《我们现在怎样做父亲》的思想来实行，尽量创造机会让海婴自由地成长，希望海婴成为一个"敢说、敢笑、敢骂、敢打"的人。

从很小的时候，周海婴就对组装零件非常感兴趣。当时有一种叫积铁成像的玩具，也叫小小设计师，就是一个盒子装着各种可以随意组装的金属零件。周海婴迷上了这种玩具，他用这些零件学会了组装小火车、起重机，装好了再拆，拆了又装。鲁迅先生看到了，非但没有阻止他，还总是在一旁鼓励他。

父亲去世后，周海婴用自己储蓄多年的压岁钱交纳了学费，报考南洋无线电夜校，1952年考进北大物理系后开始走上科研道路，最终成为一名无线电专家。后来，他担任过中国电子学会理事，一直从事广播电视规划工作。

直到晚年，周海婴谈起无线电依然兴致勃勃，滔滔不绝。晚年，他依然过着默默无闻、淡泊名利的生活。

长久以来，人们习惯于将周海婴的一切与鲁迅相联系。然而周海婴屡次表示，自己不愿在父亲的光环下生活，也从不向外人炫耀自己是谁的后代。他反对靠父母的余荫生活，虚度人生。他经常说的一句话是："我们要以自己的工作成绩去赢得社会的承认。"

周海婴作为鲁迅之子，能做到如此平和，的确不容易。靠自己的力量赢得社会承认，这不仅仅是能力的问题，更重要的是尊严的问题。自立的人才最有尊严。

某年春晚有一句话让很多人落泪，那就是民工子女的那句台词："别人和我比父母，我和别人比明天。"家庭情况各不相同，依靠父母在名人的光环下生存，多少有点"依傍"的味道。

想要获得别人的认可，还是要靠自己的声音和自己的力量。通过下面的案例，我们来看看犹太人是如何救赎自己的。

犹太人朗司·布拉文是美国一位成功的商人。同大多犹太人从小就接触商业不一样，布拉文是在37岁的时候才开始经商的。

在布拉文读大学的时候，他的父亲就已经在洛杉矶拥有了一所有着100名员工的会计师事务所。布拉文在大学学的是会计学，毕业以后他马上进了父亲的会计师事务所工作。

当时，布拉文周围的人都认为他会顺其自然地成为事务所的第二代继承人。然而，布拉文的心里却不这么想，一方面他觉得事务所的工作不适合自己，另一方面他觉得踩着"家族企业"的肩膀取得的成就让他不太光彩。家族的期待和财产、周围人的想法反而成了他的噩梦，让他深感忧虑。

一天，布拉文终于下定了决心："既然自己不适合眼下的路，就只能离开。"于是，他辞了职，开始尝试经商。

在商界经历了十几年的摸爬滚打后，布拉文终于取得了成功。他创立的公司年交易额高达 35 亿日元。他主要向日本出口与体育有关的用品、服装及辅助设备等。经销地点除了公司本部的拉斯维加斯和日本外，还有瑞士。他有一个梦想，就是建立世界规模的公司。

生活只能靠自己去选择和创造，所以布拉文选择了放弃会计师事务所，而去追求自己擅长的领域。如果他继续待在父亲的公司，很可能成为一个背着"继承"名声的失败者。

周海婴和布拉文的故事告诉青少年一个道理：追求成功，得靠自己的实力；追求财富，得靠自己的拼搏。只要拥有遇事求己的坚强和自信，我们每个人都能够成为自己命运的救世主。

靠自己的力量书写的成功人生，才更加辉煌、璀璨。所以青少年朋友，要相信，改变人生只能依靠我们自己，凡事不要依靠别人的施舍，也不要希望财富与成功从天而降。只有将命运之舟紧紧地掌握在自己的手中，才能使它准确地驶向成功的彼岸。

人生不需要太多妥协

企业每一次的变革和创新倒是会给我带来一些压力，但那是自己可以承受的，我觉得没有什么更大的挫折使我挺不过来。

——钱金波（毕业于北京大学，红蜻蜓集团董事长）

古人云："不知生，焉知死？"不知苦痛，怎能体会到快乐？不经历风雨，怎么能见到彩虹？痛苦就像一枚青青的橄榄，品尝后才知其甘甜，但这品尝需要勇气！其实，要让自己快乐非常简单，那就是少一分欲望，多一分自信；少一分妥协，多一分勇敢。

毕业于北京大学化学系的白春礼是我国著名的纳米科技研究专家，说起他的科研之路，可一点儿也不平坦。

1985年，白春礼在取得中国科学院博士学位后，选择了继续深造。当年的9月份，他来到美国加州理工学院从事博士后研究工作。

美国的科研工作与美国民族崇尚自主的传统如出一辙。在那里，老板将该做的工作交给员工后，就不再插手，给予员工完全的具体执行的自由，所有的程序都由员工独立完成。所以对员工来说，别想指望任何人会对自己的困难有更多的帮助。

当时，白春礼跟随自己的导师进行一个科研项目的研究。导师交给他的一个任务是将实验室的一台仪器搬到其他学院去重新组装调试。在国内的时候，白春礼只使用过这样的仪器进行数据分析，对仪器本身却了解得特别少。面对已经拆得七零八落而且没有任何说明书的仪器，该如何组装呢？这让他一下子不知如何下手。然而，面对困难，白春礼并没有轻易地妥协。他觉得，自己作为一名中国人，在那里代表的就是中国。国人的自尊促使他咬牙接受了这项艰巨的任务。工作开始了，他一遍遍地尝试各种方法，从计算机控制仪器的软件的源程序中，他重新寻找和测试仪器运行的最佳参数；从如麻的电线中，他重新将仪器的连线接通……功夫不负有心人，经过一番艰难的探索，仪器组装调试好了。这让白春礼重拾了信心。

可是没过多久，白春礼又遇到了新的难题——就在即将取得实验结果的关键时刻，控制器的计算机又坏了。新换的一台计算机的操作系统与原先的那台不一样，必须重新编写全部仪器控制和数据采集、分析系统的软件，才能继续工作。自动控制的软件大部分是用机器语言编写的，而他又从未接触过汇编语言，这对他来说真是一个巨大的难题。

然而，好强的白春礼依然没有向别人求助，而是借来几部关于汇编语言的英文专著，默默地边学边干。在短短的时间内，他就掌握了汇编语言，计算机终于调试好了。后来，他又用这段时间掌握的汇编语言编写了其他大部分仪器控制、数据采集和图像处理的软件。由于仪器的调试成功，他赢得了实验室人员的信任。

白春礼的经历告诉我们青少年：人的成长是一个不断迎接挑战、战胜困难的过程。面对困难和挑战，你的心中不能有"妥协"二字，要在不屈不挠、克服困难的行动中寻找生命的价值、实现人生的理想。

不妥协是一项难能可贵的品质，在身处逆境之时显得尤为重要。在身处绝境时，懂得苦中求乐、永不妥协，才是人生的真谛。现实生活中，当遭遇困境时，你是不断为自己打气，做到不妥协，还是被动地选择悲观的宿命呢？一些悲观论调的持有者，对困境所持的态度永远是"这就是命"，"命里要我这么不顺利我也无法强求"。乍听起来以为他们是豁达、看得开，其实是一种对自己生命极不尊重的想法，因为他们已放弃了对美好生活的追求，只是认命。真正的豁达与从容者不会如此，他们会把这些不幸化作前进的力量，既不抱怨命运不济，也不妄自菲薄，他们只会用真正的行动来改变自己的人生轨迹。

拥有独立思考的能力

真正好的生活，思索是一种乐趣。

——刘震云（毕业于北京大学中文系，著名作家）

老师、家长们都希望自己的孩子独立自主，所以日常生活或者学习中会刻意地让他们"自己的事情自己做"，自己洗衣服，自己做饭……殊不知，独立自主并不仅仅意味着行动上的自立，还意味着思想上的自立，即凡事能独立思考。成大事者大多善于思考，而且是独立思考。青少年朋友若想实现自己的理想，达成目标，还需要养成独立思考的个性，这样才能在风风雨雨的事业之路上闯出一片天。

最早完成原子核裂变实验的英国著名物理学家卢瑟福，有一天晚上走进实验室，当时时间已经很晚了，见他的一个学生仍俯在工作台上，便问道："这么晚了，你还在干什么呢？"

"我在工作呢，教授。"学生回答道。

"你现在还在工作，那你白天都在做些什么呢？"

"白天我也工作，教授。"

"那么你早上也在工作吗？"

"是的，教授，早上我也工作。"

于是，卢瑟福提出了一个问题："那么，这样一来，你用什么时间思考呢？"

这个问题问得真好啊！

拉开历史的帷幕就会发现，古今中外凡是有重大成就的人，在其攀登科学高峰的征途中，都是善于思考而且是独立思考的。

据说爱因斯坦狭义相对论的建立，经过了"10年的沉思"。他说："学习知识要善于思考、思考、再思考，我就是靠这个学习方法成为科学家的。"

达尔文说："我耐心地回想或思考任何悬而未决的问题，甚至连费数年亦在所不惜。"

牛顿说："思索，继续不断地思索，以待天曙，渐渐地见得光明，如果说我对世界有些微贡献的话，那不是由于别的，却只是由于我的辛勤耐久的思索所致。"他甚至这样评价思考："我的成功就当归功于精心的思索。"

著名昆虫学家柳比歇夫说："没有时间思索的科学家（如果不是短时间，而是一年、两年、三年），那是一个毫无指望的科学家；他如果不能改变自己的日常生活制度，挤出足够的时间去思考，那他最好放弃科学。"

从这些名言中我们不难得出这样一个道理：独立思考是一个人成功的最重要、最基本的心理品质。所以，养成独立思考的品质是要成大事的青少年必备的条件。

北大强调学术独立，老师在教学的过程中也十分鼓励学生独立思考、独立实践，十分注重学生独立思想的培养。北大一位教授经常对他的学生说："要提高你的创造能力，一定要培养自己的独立思考、刻苦钻研的良好品质，千万不要人云亦云，读死书，死读书。"思想独立是人格独立的基础，北大注重学术独立的传统不仅培养了一大批优秀的学术人才，同时也造就了一批自尊、自信、自立、自强的民族栋梁。

独立思考，是使愚者成为智者的钥匙；遇事缺乏思考，是智者变愚的根源。养成独立思考的良好习惯，是使人们发现新的知识，通向成功之路不可缺少的桥梁。青少年只有在学习和生活中善于独立思考，才能开出智慧的奇葩。

但是，青少年也应该了解，独立思考并非胡思乱想，它需要一定的知识做基础。假如脑袋里空空如也，一无所有，那么任凭你如何独立思考，也是不会思考出什么"出类拔萃"的东西来的。因此，对于我们青少年来说，最重要的就是学习一切有用的知识，在此基础上培养自己的独立思考的好习惯。

实践中，青少年如何培养自己独立思考的好习惯呢？以下是几点建议：

1.培养独立生活的能力，学会自己的事情自己做。

2.培养自己的创造精神，多了解科普知识，开拓孩子的知识面。

3.挖掘和保护自己的好奇心，培养更为广泛的兴趣爱好。

4.学习和生活中遇到难题时坚持自己想办法解决，不要动不动就依赖父母和其他人，遇到问题要学会独辟蹊径或逆向思维，养成多角度思考的习惯，用来训练自己的求异思维和发散思维。

礼物四

改变思维，开辟
人生另一种可能

心态决定状态，状态决定命运。心态的好坏直接影响到一个人的生活状态和精神状态。一旦心情开始浮躁，就会让我们失去理性，心慌意乱，更容易使我们的心灵感到孤独，对人生失去希望。天才和伟人之间，之所以有着不同的差别，并非由智商、自身所致，而是在于心态。所以永远保持平和稳定的心态，对于我们的生存和发展就显得尤其重要。好的心态不仅是一种心理状态，更是一种心灵的力量。不断修炼自己的心态，你就能成为内心强大之人。

摔倒不怕，站起来才是你的人生态度

摔倒了赶快爬起来，不要欣赏你砸的那个坑。

> ——沈从文（曾在北京大学任教，作家、历史文物研究家、京派小说代表人物）

在漫长的人生旅途中，我们有顺境，亦会有逆境，有时候人生道路充满了鲜花和掌声，但更多的时候，充满了泥泞。在泥泞中，你有可能会摔倒、受伤。这个时候，你要记得北大教授沈从文先生曾说过的一条人生忠告："摔倒了赶快爬起来，不要欣赏你砸的那个坑。"

沈从文为什么这样说呢？第一，已经摔倒了，只要能记住这次摔跤的教训就行了，再继续欣赏这个坑，顾影自怜，自怨自艾，于事无补，还把心情搞坏了；第二，这种欣赏会耽误以后的路程，而且由于心情不好，注意力不集中，再摔跟头的概率反而会更大——所以，不要总去"欣赏"那些坑，不要总把遗憾挂在嘴上，要赶紧爬起来，努力地走下去。

青少年朋友，我们每个人的人生都不会一帆风顺，会有数不清的遗憾，这也是人生的一种魅力，十全十美的人生也许才是最乏味的人生！遗憾令人受伤、令人流泪，也令人心灵更加温暖，世上没有一样东西会像遗憾一样让你如此快乐而忧伤。只要你还有一双眼睛，这双眼睛里充满了如洗的碧空，人生就有希望，让已逝去的无数个遗憾点缀平淡的日子，涟漪过后，会留下点点余韵，让人回味无穷。

有位哲人曾经讲过这样一则故事：

一个旅人在路旁看到许多盛开的鲜花，他一边走一边采。沿途的花一朵比一朵大，一朵比一朵美。临近黄昏时分，就在他马上走到旅程的终点时，突然看到一朵硕大奇异的花，在暮色中散发着沁人心脾的芬芳。这让他高兴至极，于是他扔掉手中所有的花奔跑过去。然而，那朵花已经凋谢枯萎了，手一碰，花瓣一片一片地掉了下来。这让他十分沮丧，不断埋怨自己不该贪恋那些小花而耽搁了采撷这朵大花的时间，以至于心存遗憾，空手而归。

这则故事里的旅人，就算他果真得到了那朵令他心驰神往的大花，在他回眸旅程的那一刻，也会因错过了欣赏那么多吐露着清香的路旁鲜花而遗憾。在人生的旅程中，在色彩斑斓的生活画卷面前，遗憾总是不可避免的。你得到了，你就有失去，这是无法逃避的。

如果你想成功，就要去拼搏；如果你想成功，就要去奋斗；如果你想成功，跌倒了，就马上爬起来，而不是沉溺于过去的不顺中。因为这是挫折，是上帝送给你的"礼物"。其实，人生路上能够遇见挫折并不一定是什么坏事，因为挫折也许是对你的考验。

当然，如果你想取得成功，就要通过上帝的这项考验。在你遭遇挫折时，若一跌不起，失去信心，决定放弃，那么成功就会与你失之交臂。反之，如果你能一笑而过，重新树立信心，以良好的心态继续拼搏，跌倒了，爬起来！再跌倒，再爬起来！这样，成功才会走向你。

在一份报纸上，曾经有这样一篇感人的报道：

有一个年轻人，他的生活非常困苦，身上所有的钱加起来都不够买一件像样的西服。然而，在贫困面前，他没有自怜，也没有退缩，仍保持着心中的梦想——成为一名好演员。

当时，好莱坞共有500家电影公司。他根据自己仔细划定的路线与排列好的名单顺序，带着为自己量身定做的剧本一一去拜访。但第一遍拜访下来，这500家电影公司没有一家愿意聘用他。

这些无情的拒绝没有让他灰心。刚跨出最后一家被拒绝的电影公司的门不久，他就又从第一家开始了他的第二轮拜访与自荐。

不幸的是，他的第二轮拜访也都以失败而告终。后来，第三轮的拜访结果也是如此。

然而，这么多次的拒绝没有让这位年轻人放弃，没多久他咬咬牙又开始了自己的第四轮拜访。当拜访第 350 家电影公司时，也就是在他第 1849 次被拒绝后，那家公司的老板破天荒地答应让他留下剧本先看一看。这让他欣喜若狂。

几天后，他得到通知，请他前去详细商谈。就在这次商谈中，这家公司决定投资开拍这部电影，并请他担任自己所写剧本中的男主角。不久这部电影问世了，名叫《洛奇》。这位年轻人凭借这部影片，赢得了 1976 年奥斯卡最佳影片奖，并获得同年奥斯卡最佳男主角提名奖，成为好莱坞的著名影星。

这位年轻人的名字就叫史泰龙。后来，他成了红遍全世界的巨星。

跌倒了，就赶紧爬起来！不畏惧失败，会给人留下一种强者的印象。在史泰龙成名过程中，有汗水，有泪水，有艰辛，有失落，但是他凭借顽强的意志坚持了下来。

回望历史，站在人生的轨道上，我们也可以看到不少这样的场景：很多人在挫折面前一蹶不振，永远地倒了下去，而且永远不能再爬起来。对此，我们只能说，一个人没有毅力，那他在任何行业中都不会得到成就，在任何一个地方都可能倒下。

人的一生漫长又曲折，犹如船行驶在波涛汹涌的海面上。而扬起的每一朵浪花都可能是陷阱，是漩涡，是迂回的迷谷。青少年朋友，在这样的环境下，你是否会成功地驶向彼岸呢？如果你想成功到达彼岸，就要付出努力，用奋斗做帆，用拼搏做桨，搏击风雨，勇敢前行。除此之外，还有一点你一定要牢记：跌倒了，不要自怨自艾，赶紧爬起来，继续往前走！

妄自菲薄不是谦虚，学会珍惜自己

有时候心理因素可能比外界的因素有更大的影响，所以一个人的心态非常重要。很多人总是很不满足，说我为什么不如那个人好，我为什么挣的钱不如那个人多，这样的心态可能会导致自己越来越浮躁，也不会让自己觉得幸福。

——李彦宏（毕业于北京大学，百度公司创始人、董事长兼首席执行官）

我国的教育非常注重含蓄、谦虚、谨慎和礼让。我们无法否认的是，这些美德对孩子来说非常重要。然而在激烈竞争的今天，光谦虚谨慎是不够的，还需要教育孩子善于发现自己、适时表现自己、重视自己的优点、珍视自己的价值。

令人遗憾的是，现实生活中，很多青少年对自己的评价往往是这样的：我不行，我没有某某的才干，我没有某某貌美，我没有某某有人缘，我是这几个人中最差的一个……一个个消极的评价，对自己这样的评价表面看起来没什么，实际上会对一个人的发展产生巨大的影响。所以，青少年朋友应该适时地"晒晒"自己的优点。

生活中，很多人善于认识别人，却不善于认识自己，下文故事中的小雯就是一个这样的人。

大学毕业的前夕，小雯去省城找姑姑，想请姑姑帮忙介绍一份工作。姑姑听了小雯的来意后，笑着说："你真是个傻孩子呀，小雯！放着自己那么多的优势不发挥，却反过来求人。这是为什么呀？"

小雯听了姑姑的话，有点不好意思，笑着问："姑姑，瞧您说的，我哪有什么优势啊？论成绩，在班里只是中等偏上；论后台，完全没有；论财力，更是两手空空；论长相，也很一般，身高才 1.58 米。前几天为了去面试，有的同学花两三千元买衣服，有的光买法国唇膏就花了 800 多元。我没有这么多钱，就是有我也不舍得花，弟弟读高中的学费还没有着落呢。"

姑姑看着小雯那憨厚又幼稚的样子，觉得又可气又可笑。

其实，姑姑明白小雯这四年的大学并没有白上，除了完成学业，她还做了两份工作，这就是她的优势呀！第一个优势，入学的第二天，她便向导师如实说了自己家的贫困情况，请求导师帮忙介绍个兼职。导师便帮她找了份钟点工的工作，每个月有 400 元的收入，解决了她的生活费问题。

第二个优势，从大三开始，她辞掉了导师为她介绍的钟点工工作，开始到学校附近的一位宋先生家里教其女儿学习数学，每月能挣800元。这样她不但生活费有着落了，还能每月往家里邮寄300元。姑姑将这两个优势一一向小雯讲了，并说："4年前你刚上大学的时候，我赞助你3000元做学费，你收了，但不肯白要，坚持打了借条，说以后一定要还。孩子，所有这些，都是你最值得自豪的亮点啊。你为什么发现不了自己的优点并将它们亮出来呢？"

小雯听了姑姑的话，半信半疑，说自己学余打工是无奈之举，几乎是偷偷做的，不好对外人说。

姑姑对小雯说："傻孩子，能在无奈之下想出办法，并坚持读到毕业，说明你有能耐呀。孩子，你找工作时，如实地把这四年来边读书边打工的过程跟用人单位说说，我保证有单位要你。现在讲求公平竞争，人家看重的是实力，是吃苦耐劳的精神，不是后台，也不是高档服饰。"

在姑姑的点拨和鼓励下，小雯勇气渐增，终于改变了要找后台、要花钱包装自己的念头。

小雯离开姑姑家没几天，就兴高采烈地打电话给姑姑说，已经有两家单位愿意录用她，有一家单位还让她下个星期就去上班。她得意地说："不过我要仔细考虑一下，挑选一下去哪个单位。"

小雯的故事告诉我们：每个平淡无奇的生命中，都蕴藏着一座丰富的金矿，只要肯挖掘，哪怕仅仅是微乎其微的一丝优点的暗示，沿着它也会挖出令自己都惊讶不已的宝藏……

科学研究表明，人的优点或潜能非常大，而人一生中潜能的发挥尚不足4%。所以，青少年朋友一定要学会放大自己的优点，学会欣赏自己。因为无论是在学习还是在生活中，个人的影响力需要强化优势，只有清楚地知道能提升自己影响力的优势，并努力把这种优势发挥到极致，才能够提升自己的影响力。

李扬是中国著名的配音演员，被戏称为"天生爱叫的唐老鸭"。

李扬在初中毕业后参了军，在部队当了一名工程兵，他的工作是挖土，扫坑道，运灰浆，建房屋。可是李扬明白，自己身上潜在的宝藏还没有开发出来：那就是自己一直钟爱的影视艺术和文学艺术。

在一般人看来，这两种工作简直是风马牛不相及。但李扬却坚信自己在这方面有潜力，应该努力把它们发掘出来。于是，他抓紧时间工作，认真读书看报，博览众多的名著、剧本，并且尝试着自己搞些创作。

退伍后，李扬成了一名普通工人，但是他仍然坚持不渝地追求自己的目标。没过多久，大学恢复招生考试，李扬考上了北京工业大学机械系，成了一名大学生。从此，他用来发掘自己身上宝藏的机会和工具一下子多了起来。

经几个朋友的介绍，李扬在短短的5年中参加了数部外国影片的译制录音工作，他这个业余爱好者凭借着生动的、富有想象力的声音风格，参加了《西游记》中的美猴王的配音工作。1986年年初，他迎来了自己事业中的辉煌时刻，风靡世界的动画片《米老鼠和唐老鸭》招聘汉语配音演员，风格独特的李扬一下子被迪士尼公司相中，为可爱滑稽的唐老鸭配音，从此一举成名。

来到这个世界上，我们每一个人的人生都是不一样的。上天赐予我们不同的肤色、不同的语言、不同的性格、不同的生活环境，是为了让我们的生活多姿多彩。然而，这却成了某些人进行比较的关键词：谁的家庭环境好、谁长得漂亮、谁的性格好、谁的工资高、谁的女朋友漂亮……其实，生活中的每一个细节都有它自己的闪光点，只要我们肯发现，肯将欣赏的目光投向自己，那么在我们自己的身上，你也可以发现别人无法替代的优点和价值。

甩掉"约拿情结"

有些人一生没有辉煌，并不是因为他们不能辉煌，而是因为他们的头脑中没有闪过辉煌的念头，或者不知道应该如何辉煌。

——俞敏洪（毕业于北京大学，新东方学校创始人，现任新东方教育科技集团董事长兼总裁）

《圣经》中有一个人物叫约拿。一天，上帝命令约拿到尼尼微城去传话，能得到这个任务非常难得，是一项很高的荣誉。约拿获得这个任务后，非常高兴，因为这也是他平素的理想。然而一旦理想成为现实，他又感到害怕了，觉得自己能力不足，想回避这即将到来的机会，将这突然降临的荣誉给推掉——这种成功面前的畏惧心理，被心理学家们称为"约拿情结"。

现实生活中，"约拿情结"看起来是一种很矛盾的现象：一方面十分渴望成功，希望获得成功的机会，但是一旦成功的机会来临，却开始畏惧起来，害怕成功到来的瞬间所带来的心理冲击，害怕取得成功所要付出的极其艰苦的劳动，也害怕成功所带来的种种社会压力……人害怕自己最低的可能性，这可以理解，因为人人都不愿意正视自己低能的一面。但是，人们还会害怕自己最高的可能性，这很难让人理解。

"约拿情结"是一种成长的恐惧心理，来源于心理动力学理论上的一个假设："人不仅害怕失败，也害怕成功。"它反映了一种"对自身伟大之处的恐惧"，是一种情绪状态，并导致我们不敢去做自己能做得很好的事，甚至逃避发掘自己的潜力。在生活中，"约拿情结"最主要的表现是缺乏上进心。

人类普遍存在这样的心理：不是努力地去追求卓越，追求高级需求，追求崇高的自我实现，而是一味地逃避高级需求，逃避卓越、崇高的人类品行。甚至将天真纯情视为幼稚可笑，将诚实视为轻信，将坦率视为无知，将慷慨视为缺乏判断力，将工作中的热情视为懦弱，将同情心视为廉价和盲目。而在历史中曾显示出人类美好的、和谐的、崇高的、情感的东西竟成了当代人们不自觉的情感禁忌，无怪乎有人称人类的当代为精神病、神经症大发作的时代。

"约拿情结"的问题还在于，自己怕出名，如果别人出了名，他又会嫉妒，心里巴不得别人倒霉。这种"约拿情结"，主要有个性障碍、情感障碍、意识障碍和意志障碍等。

1. 个性障碍

个性障碍是指人们在社会交往中常常出现的气质障碍和性格障碍，具体表现是，或者孤僻乖戾、不善交际，或者优柔寡断、没有魄力，或者武断、鲁莽、缺乏毅力。

2. 情感障碍

情感障碍是指人们在能力的自我开发中，对客观事物所持态度方面的不正确的内心体验。主要是由于长期遇到各种困难，受到各种打击，自己又不能正确地对待并加以克服，以致其对客观事物的内心体验阈限增高，形成一种内向封闭性的心理定式。它使人们丧失对外界交往的生活热情和对理想及事业的追求。

3. 意识障碍

意识障碍是指由于人脑歪曲或错误地反映了外部现实世界，从而减弱人脑自身的辨认能力和反映能力，阻碍人们对客观事物的正确认识，影响人们社会交往的成功。主要表现出厌倦心理、自卑心理、闭锁心理、志向模糊等。

4. 意志障碍

意志障碍是指人们在自我能力的开发中，确定方向、执行决定、实现目标的过程中起阻碍作用的各种非专注性、非持恒性、非自制性等不正常的意志心理状态。主要表现有"怯懦型"心理障碍、"意志暗示型"心理障碍、"意志脆弱型"心理障碍等。

这些心理障碍对我们的社会交往乃至事业成功有着巨大的影响，特别是当这些心理障碍互相影响时，会形成一种强大的负效应，导致一个人人生的失败。

在我们很多人中，都存在"约拿情结"。原因是什么呢？据心理学家分析，主要是因为在我们小时候，由于自身条件的限制和不成熟，心中容易产生"我不行""我做不成"等消极念头，如果周围环境没有提供足够的安全感和机会供自己成长的话，这些念头会一直伴随着我们。尤其是当成功的机会降临时，这种心理表现得尤为明显。因为要想抓住成功的机会，意味着需要付出很多努力，面对很多难以预料的变故，并需要承担一些风险。在这种心理的驱使下，"约拿情结"成了阻碍我们走向成功的绊脚石。

"约拿情结"是我们平衡自己内心心理压力的一种表现。生活中，我们每个人都会拥有或大或小的成功机会，然而当机会来临时，只有极少数人敢于打破平衡，认识并摆脱自己的"约拿情结"，勇于承担责任和压力，最终抓住并获得成功的机会——而这也正是"只有少数人成功，而大多数人却平庸一世"的社会现象的原因之一。

青少年朋友若想拥有一个健康的心理环境，想要开创人生的美好局面，就必须努力甩掉"约拿情结"。勇敢的思想和坚定的信念是治疗恐惧的天然药物，勇敢和信心能够中和恐惧，如同化学家通过在酸溶液里加一点碱，就可以破坏酸的腐蚀力一样。所以，青少年朋友要具备勇敢的思想和坚定的信念，打破畏惧心理，甩掉"约拿情结"，从而开创人生的新局面。

很多失败都是偶然现象

当失败降临的时候，也是我们最应该感到庆幸的时候，因为我们结束了一条不可能走到尽头的路，从而回到了正确的轨道上来。

——沈兼士（曾在北京大学任教，语言文字学家、文献档案学家、教育学家）

在我们的一生中，没有谁不曾遭遇过失败。失败犹如一个不受欢迎的客人，总是频频出现于我们的生活中。面对它，有的人放弃了，绝望了，在悲伤抑郁中度过一生，最终落得个凄惨的命运。而另外一些人，面对失败挫折的打击，却挫而不折，愈挫愈勇，他们是有较高情商的人，正是这种能力使他们能从失败中奋起，继续自己的事业，最终成为命运的赢家。

北大讲师、我国著名作家鲁迅先生曾在文章《最先与最后》中指出，中国一向少有失败的英雄，优胜者固然可敬，但那虽然落后仍然坚持跑到终点的竞技者，以及见了这种竞技者而肃然不笑的看客，乃是中国将来的脊梁。失败并不可怕，重要的是我们如何对待失败，以及在失败后能不能重新振作起来。

曾经在某地举行了一场长跑比赛，参赛选手约有几十名，他们都是从各路高手中选拔出来的。然而最后得奖的名额只有三个人，所以竞争格外激烈。

比赛结束后，其中的一位选手以一步之差落在了后面，成为第四名。他受到的责备远比那些成绩更差的选手多："真是功亏一篑，跑成这个样子，跟倒数第一有什么区别？"

众人纷纷指责他。

然而面对众人的指责，这名选手却若无其事地说："我虽然没有得奖，但是在所有没有得名次的选手中，我名列第一！"

他不是不知道自己不可能得奖，但是他仍然没有放弃，在所有的失败者中，他是最让人肃然起敬的那个，他是这次比赛的失败者，却是人生的胜利者。

现实生活中，像上述案例中的第四名选手一样拥有开阔心胸的青少年，到底有多少呢？很多青少年往往因为落后而不由自主地放弃前进的脚步，因为他们害怕失败，他们更恐惧的是失败后那些看客的冷嘲热讽，而这些是造成一个人心理失败的根源。

失败纵然不招人喜欢，然而更不招人喜欢的是因为惧怕失败而不去尝试，这样他们就最大化地避免了被人嘲弄的难堪，可是这样，成功也从他们的畏惧中悄悄溜走了。因为人生求胜的秘诀，只有那些失败过的人才懂得。

罗曼·罗兰的这句话或许对青少年有所启示："累累的创伤，就是生命给你的最好的东西，因为在每个创伤上都标示着前进的一步。"英国小说家、剧作家柯鲁德·史密斯也曾说过："对于我们来说，最大的荣幸就是每个人都失败过。而且每当我们跌倒时都能爬起来。"

青少年朋友，你想走得更远、爬得更高吗？你想知道自己到底有多少潜力来达到梦想的高度吗？正所谓"知耻而后勇"，失败会激发我们的斗志，会让我们认识到现实和梦想的距离，从而让我们在反思中走得更远、站得更高。

成功者之所以成功，只不过是他不被失败左右而已。人世间真正聪明的人，面对种种失败，并不太介意，能够做到"不以物喜，不以己悲"。因为他们知道，原谅自己的偶尔失败，就等于为自己的成功之路铺砖添瓦。

青少年朋友，面对人生中的偶尔失败，你也是这么想的吗？

礼物五

自信，北大的"自信"不是"狂傲"

人生道路起伏不平，总会遇到各种困难和崎岖，也会听到很多质疑和否定，但是我们一定不能丧失对自己的信心。只要你满怀自信地期待着，并按照自己的方式去做，你所想的事情就一定能实现。每个人都是一道独特的风景线，正确地对待自己，积极地面对生活，坚信自己能够成功，那么成功就会在不远处等着你。

做好自己的人生选题

自信而不自负，执着而不僵化。自信是什么？是相信自己。回想近年的艰苦历程，我们是始终在与困难做斗争中发展的，用一句话说就是九死一生。但，方正电脑还是在 1995 年建立起了自己的品牌，建立起了自己先进的管理系统，再经过多年的奋斗，终于成了 PC 厂商的老二。为什么？因为我们自信。

——王选（曾任北京大学教授，著名科学家）

王选，中国科学院院士、中国工程院院士、第三世界科学院院士、北京大学教授。关于王选，有一句话是这么评价的，足见他的贡献之伟大："只要我们还读书看报，就不应该忘记王选。"

王选是汉字激光照排系统的创始人和技术负责人，他主持研制的汉字激光照排系统，为新闻、出版全过程的计算机化奠定了基础，使汉字印刷术"告别铅与火，迎来光与电"，实现了中国印刷技术的第二次革命，他也因此被称为"当代毕昇"。

王选非常喜欢看时事报道，高中毕业后，他从报纸上注意到，1956 年我国制定的《十二年科技发展远景规划》，把计算技术列为"未来重点发展学科"，当时也强调，计算技术是我国迫切需要的重点技术。这个报道让王选有豁然开朗的感觉。接下来，他赶紧查找相关的资料，又了解到未来计算机技术的应用将对国防和航空工业产生的巨大影响。经过一番深思熟虑，王选决定攻读当时冷门的计算数学专业。这个选择对王选来说至关重要，它影响了他的一生。也正是这个抉择，体现出他与众不同的远见和洞察力，为日后的科研工作奠定了第一块基石。可以说，王选的辉煌人生路始于这个选择。

从北大毕业后，王选参加到计算机应用研究工作中，他对这份工作充满热情。

1974 年 8 月，我国开始了一项被命名为"748 工程"的科研项目。这个科研项目分为三个子项目，分别是：汉字通信、汉字情报检索和汉字精密照排。王选的思维非常敏锐，多年的研究经验告诉他，国家汉字信息处理系统工程中"汉字精密照排系统"的研究成功将引起中国报业和出版印刷业的深刻革命。于是，他满怀激情地投入到了"汉字精密照排系统"的研究中。

王选的研发之路并不顺畅。当时，他的照排系统被许多人看不起。那时候的计算机界有它自己时髦的课题——操作系统结构和数据库管理系统。很多人认为，计算机这么高级的东西怎么能用来搞"黑不溜秋的印刷"呢？他们错误地以为照排只是一种自动控制，用不着研发什么照排系统。

但是王选自有他自己的想法，他认为："当时传到中国的时髦东西在国外已经过时，你觉得时髦的东西，人家已经不时髦了。"

另一方面，王选认为，像操作系统、数据库管理系统这类领域，中国人研发成功的可能性不大，因为无法得到最前沿的"需求刺激"，而"出版系统里面涉及很多前沿的技术"。当时印刷界、出版界一些很有名的人有"照排再好，但中国的铅字更便宜"的想法，但王选依然坚持自己的想法。在当时的条件和环境下，他已经预见到了照排给出版界带来的巨大变化和市场前景。而后来事情的进展也为王选的远见做出了最好的证明。

回望自己的成功经历，王选不无感触地说："选题的好坏和人的一生的成就关系很大。"

在异议面前，王选选择了相信自己、坚持自我。他认为自己的发展方向是对的，自己做的是一件正确的事，于是果断地投入其中，最终取得巨大的成果。王选教授的故事告诉我们青少年朋友：无论在什么时候，我们都要保持清醒的头脑，对事物有一个独立的判断，不人云亦云，不被幻象迷惑，要相信自己、坚持自我。

自信是心灵的发电机。青少年朋友，无论你们身处何境，都不要让自卑的冰雪侵占心灵，而应燃烧自信的火炬，始终相信自己、坚持自我，这样才能调动生命的潜能，去创造无限美好的生活。

面对权威，勇于提出自己的看法

佛家说，每人各有其自己的世界。实际上，各人的世界，是各人的世界。

——冯友兰（毕业于北京大学，著名思想家、哲学家）

在生活中，很多老师、家长经常告诉我们青少年："不要迷信权威，要勇于挑战它！"什么是权威呢？所谓"权威"是指在某种范围内有威信、有地位或者具有使人信服力量的人。权威的存在，有一定的正面作用，它可以成为探索实践的一种促进力量，因为"权威认定"毕竟有它的可信价值；但也有时候，权威的存在，会成为我们探求之路上的一种阻碍，因为他的话毕竟不是真理，并不绝对正确。也就是说，社会应该允许权威的存在，但是，我们也要认清一个事实，即权威所说的话并非句句都是真理，他也会说错话、做错事。另一方面，我们应该明白，世界上没有永远的权威，即便权威再大，其学说有一天也会陈旧，其力量在某一天也会消退。面对权威，正确的态度是：理性思考，既不迷信，也不被牵着鼻子走。否则，我们不会取得大进步。

现实生活中，人们对权威的尊崇、膜拜，常常会演变为迷信和神化，同时，人类大脑中的"自我思考、冲破权威、勇于创新"将日渐匮乏。

北大论坛曾经有一个帖子，讲的是这么一个故事：

从前，有一位农夫牵着自家的马去集市上卖。

可一连卖了几天，连一个前来问价的人都没有。

一天，伯乐来到了农夫卖马的这个集市。他朝农夫的马看了几眼，在马颈上拍了两下，赞叹道："好马，真是好马！"没想到，周围的人纷纷来抢购，马的价格一下子被抬高了十几倍。

从这个故事中我们可以看出：人们盲目迷信权威，连好马孬马都没区分，就被权威牵着鼻子走了。

青少年朋友，当我们面对新事物、新问题，需要开拓创新时，权威定式就会变成"思维枷锁"，阻碍新观念、新理论的产生，不但会影响我们进步，甚至会将我们引入歧途。对于这一点，青少年一定要有防范心理。要明白，只有思维活跃、富有胆识，不迷信权威，不崇拜偶像，不为过时的老观念、老思想所束缚，敢想、敢说、敢改革，不断探索新世界的奥秘，我们才有可能走出新路子，开创出新局面，拥有一个如意人生。

19世纪末期，一些科技专家认为人类具备了"上天"的可能，开始着手研制飞机。然而，这个想法遭到了当时很多世界科技名流的反对，其中，最具代表性的反对者是法国著名天文学家勒让德。

勒让德是最早用三角方法测量地球与月亮之间距离的科学大师，他认为，这种试图制造一种比空气重的东西到空中飞行是永远不可能实现的。勒让德的说法得到了很多人的支持，其中就有德国大发明家西门子、能量守恒定律的发明者之一德国物理学家赫尔姆霍茨和美国天文学家纽康。西门子认为，飞机永远都不可能上天；赫尔姆霍茨认为要将沉重的机械送上天纯属空谈；纽康经过对各种科学数据的反复计算，也得出结论：飞机根本无法离开地面……由于众多科学大师与学术权威的坚决反对，金融界、工业界对飞机的研制也持不合作态度，这给飞机的研制带来了很大的困难。

然而，后来，铁一般的事实证明了权威的错误。1903 年，没有上过大学的美国人莱特兄弟首次将飞机送上了天。莱特兄弟的学历很低，飞机研发的相关知识都是通过自学学来的。他们最难能可贵的是，不在乎权威的反对。他们细心观察鸟类的体态结构及翅膀的动作，从中受到启发，再运用科学原理反复试制、修改，终于取得突破性的成功，研发出了飞机，将人类送上了天。

从这个故事中，我们青少年可以领悟到这样一个道理：不要随随便便就否定自己，要有勇气坚持自己的意见，尤其是在权威的面前。

著名物理学家杨振宁谈到科学家的胆魄时曾说："当你老了，你会变得越来越胆小……因为一旦有了新想法，马上会想到一大堆永无休止的争论。而当你年轻力壮的时候，却可以到处寻找新的观念，大胆地面对挑战。"现实世界中，为何有很多大人物在他们成名得利之后却很难有新的突破，再获昔日的辉煌？恐怕原因就在这里。反对研制飞机的那些科学家就是这样的大人物。青少年朋友们要学习莱特兄弟那种敢于挑战权威的品质。

生活中的很多实例证明，敢于合理质疑、敢于率先提出问题的人，能最先开辟一条全新的创造之路。因为，敢于质疑，能使大脑处于一种探索求知的主动进取状态，使大脑的思维处于朝气蓬勃的创新状态。疑处有奇迹，疑处出真知，疑处有突破。

发现你的优势，做最好的自己

我将永远困惑，也永远寻找。困惑是我的诚实，寻找是我的勇敢。

——周国平（毕业于北京大学哲学系，著名学者、散文家、哲学家、作家）

从小学开始，学校就习惯于将孩子简单地划分为"好学生"和"差学生"两类。在他们看来，"好学生"自立、懂事，不用老师和家长操心；"差学生"不仅惹是生非，其可怜的成绩还不得不让老师和家长为其前途担忧不已。如此两分法，就像孩子们是从两个不同的模子里倒出来的一样。可是，美国教育界的思维方式却正好与之相反。

一次，某中国家长问美国某大学的校长："贵校中，有多少位好学生，多少位差学生呢？"校长听了感到很诧异，便诚恳地说："我们这里的学生没有好坏之分，只存在具备不同个性特点的学生。"

世界上没有两片完全相同的树叶，每个人的天赋也是不同的。和别人比，你或许在某些方面有些欠缺，但在其他方面你却表现得更为突出。成功的关键不是克服缺点、弥补缺点，而是施展天赋、发挥优势。要想获得成就，就要善于经营自己的强项。

在美国盖洛普公司曾经出过的一本畅销书《现在，发掘你的优势》中，盖洛普的研究人员发现：大部分人在成长过程中都试着"改变自己的缺点，希望把缺点变为优点"，但他们碰到了更多的困难和痛苦；而少数最快乐、最成功的人的秘诀是"加强自己的优点，并管理自己的缺点"。"管理自己的缺点"就是在不足的地方做得足够好，"加强自己的优点"就是把大部分精力花在自己感兴趣的事情上，凭此取得成绩。

所谓的优势，并非把每件事情都做得很好、样样精通，而是在某一方面特别出色。优势可以是一种技能、一种手艺、一门学问、一种特殊的能力或者只是直觉。你可以是鞋匠、修理工、厨师、木匠、裁缝，也可以是律师、广告设计人员、建筑师、作家、机械工程师、软件工程师、服装设计师、商务谈判高手、企业家或领导者，等等。

人生的诀窍就在于发现自己的优势并经营它。若舍本逐末，用自己的弱项和别人的强项拼，失败的只能是自己。从这个角度来说，青少年朋友千万别轻视了自己的一技之长，尽管它可能并不高雅，却可能是你终生依赖的财富。

每个人都不是弱者，每个人都有实现自己梦想的可能，只要我们找准自己的最佳位置，发现自己的优势，努力经营自己的强项，并将这个优势发挥到极致，我们一定能成为某一领域的"王者"！

礼物六

终身学习，让你的人生无可替代

北大的人经常被标上狂放的标签，同时又带着些许的痴。这份痴狂是对学业和事业的满腔热情所致。卡耐基曾经说："岁月能够使你的皮肤起皱，但失去了热忱，岁月就会夺走你的灵魂。"对于人生，我们要永远怀着热情积极的态度，"以出世的精神，做入世的事业"，脱离惯性思维的束缚和捆绑，不断发挥自己的潜能，挑战人生的极限。

把无限热情投入学习中

你脑中若有积极的思想，可以用同样的方法，将注意力集中在那些使你快乐和希望的事情上，你就会快乐起来。

——林语堂（曾在北京大学任教，著名学者、文学家、语言学家）

一个对周围事物充满冷漠情绪的人，是一个乏味的人，而热情是让人生更加生动的催化剂。热情之所以具有非凡的力量，在于它能给人激励、给人鼓舞。一个在生活中投入热情的人，常常不会感到疲倦、劳累，而且会常常觉得自己有使不完的力气，能够完成平时根本不可能完成的事情。

在生活中，无论我们从事何种职业，无论伟人还是凡人，都会遇到各式的挫折与坎坷。面对生活的不如意，有的人被打倒，有的人却把挫折当成垫脚石，当作是对自己的考验，保持积极的态度，不断前进，扎扎实实做好本职工作，在平凡的工作中燃烧激情，最终在自己的人生道路上留下光辉的一页。

北大教授钱理群就是热爱生活、热爱教育事业的人。钱理群，1939 年出生，北京大学资深教授，20 世纪 80 年代以来中国最具影响力的人文学者之一。他以对 20 世纪中国思想、文学和社会的精深研究，特别是对20世纪中国知识分子历史与精神的审察，得到海内外的重视与尊重。钱理群近年来关注教育问题，多有撰述并为此奔走。他被认为是当代中国批判知识分子的标志性人物。

在北大，曾经有一句话在学生们中非常流行：一个读书人没有见识过钱理群讲课的魅力，不能不说是个遗憾。

为什么这么说呢？一位学生的生动描述或许多少能够补偿一点这种缺憾。

"钱理群的选修课在北大很受欢迎。限定中文系的课，外系的学生也会来旁听；限定研究生的课，本科生也会来抢位子；因为人多，原定在小教室上的课不得不转移到大教室。有时一学期要换几次教室。上过钱教授课的人，都会对他独一无二的讲课风格留下极深的印象。钱教授在北大开过不止一轮的鲁迅、周作人、曹禺专题课。在北大，中文系老师讲课的风格各异，但极少见像钱教授那么感情投入的人。由于激动，眼镜一会儿摘下，一会儿戴上，一会儿又拿在手里挥舞，一副眼镜无意间变成了他的道具。他写板书时，粉笔好像赶不上他的思路，在黑板上显得踉踉跄跄，免不了会一段一段地折断；他擦黑板时，似乎不愿耽搁太多的时间，黑板擦和衣服一起用；讲到兴头上，汗水在脑门上亮晶晶的，就像他急匆匆地赶路或者吃了辣椒后的满头大汗。来不及找手帕，就用手抹，白色的粉笔灰沾在脸上，变成了花脸。即使在冬天，他也能讲得一头大汗，脱了外套还热，就再脱毛衣。下了课，一边和意犹未尽的学生聊天，一边一件一件地把毛衣和外套穿回去。如果是讲他所热爱的鲁迅，有时你能看到他眼中闪亮的泪光，就像他头上闪亮的汗珠。每当这种时刻，上百人的教室里，除了钱教授的讲课声之外，静寂得只能听到呼吸声。"

是的，正如这位同学的描述一样，钱理群教授的课生动、充满激情、广受欢迎。在他的课堂上，从十几岁到二十岁、三十岁、四十岁、五十岁再到六十岁，什么年龄阶段的人都有；从本科生、硕士生、博士生到访问学者，到外来游学的青年再到退休教师，什么身份的人都有……钱理群教授是靠什么将这么多不同年龄、不同身份的人吸引到他的课堂上来了呢？钱理群教授具有一种非凡的控制力，这种控制力不仅仅是靠他的丰富学识、他的演讲技巧，更是靠他的热情和真诚，他是用心在讲课。

大学之大者，非大楼之谓，乃大师之谓也。北大之所以在中国众学府中脱颖而出，就是因为有钱理群这样的大师。他们将自己的心放在了讲台，放在了学校，放在了学生们身上。他们的热情态度，将北大的课堂演变成艺术的殿堂，而他们也正是以艺术创作的态度在授课。"以出世之精神，做入世之事业"，我们的生活之所以不够精彩，也许正是缺少这样一种激情与狂热。

我们每个人都逃脱不了生活的罗网，不管是扮演什么样的社会角色，你都要努力去生活，用热情感染你的生命。

有这样一位老太太，她身体残疾，一条腿被锯掉了，但仍然不要别人服侍，而是独自一人生活。

那她是怎么生活的呢？据她自己描述，她每天都是坐在轮椅上做家务的，包括使用吸尘器、准备三餐、铺床。她最常对人说的话是："只要你知道窍门，就不会有困难，而且我真的知道这里的诀窍，我并不觉得困难。虽然我身旁没有人，也得不到任何帮助。就算找到合适的用人，我也付不起费用。但是请你不用忧虑，我并不抱怨，我喜欢这种生活。"

她曾经和一位小伙子有过这么一段对话：

小伙子问她："你失去那条腿有多久了？"

她对此很平静，淡淡地说："大约五年了，我对此已经非常习惯了。"

"你能从轮椅上下来吗？"

"当然能啦！难道你以为我整天闷在这间屋子里不出去吗？"

就在这时候，她那位二十几岁的孙子插话说："奶奶还经常为我鼓劲呢！我通常是每隔两天来看望奶奶一次，每次来都能从奶奶身上得到一股力量。这股力量一直鼓舞着我，使我重新充满活力。"

"看你每天都这么有激情，难道你就没有沮丧叹气的时候吗？因为和其他人相比，你毕竟少了一条腿。"

"沮丧叹气？当然，我有时候也会有这种感觉。"

"那当你沮丧的时候，你都怎么做啊？"

"我就是强迫自己将这种感觉克服掉，不然能怎么办呢！"

"你听我说，孩子。"她用手指着和她谈话的小伙子说，"是这样的，我经常阅读《圣经》，并且相信里面所说的话，而且我不断对自己重复这段话：'我深信，我是拥有生命的，我将拥有更丰富的生命。'你知道吗？《圣经》并不认为这项诺言不适用于坐在轮椅上、少了一条腿，又是90岁的人。它只允诺丰富的生活，因此，我不断对自己重复这个诺言，并且过着丰富的生活。我很幸福，我拥有勇气。"

年过花甲且身体残疾的老人尚保持一颗年轻而热情的心，更何况我们身体强健、充满活力的青少年呢？拥有热情，能带给我们真正的自信。当你专注于自己的兴趣而非外在时，你就有了自信心。从此，你不再紧紧围绕自己，以自我为中心，不再担心自己的外在表现，只急着充分地展现自己的激情。而激情会为我们的生活注入活力，是我们宝贵的财富，促使我们去努力改变现状，充实自己。

青少年朋友，拥有一颗热情的心，并非难事。热情的源泉来自我们对生活的热爱和信赖，它可以通过各种方式表现出来。只要我们用积极和宽容的态度对待生活，由衷地欣赏、热爱并赞美我们所见到的每一个人和每一件事，我们周围的人就能体会到我们的热情。

学习本身就是满足

知识是引导人生到光明与真实境界的灯烛。

——李大钊（曾任北京大学教授，伟大的马克思主义者、杰出的无产阶级革命家）

我国著名思想家、教育家朱熹曾说："无一事而不学，无一时而不学，无一处而不学，成功之路也。"法国著名文学家罗曼·罗兰曾说："成年人慢慢被时代淘汰了，最大原因不是年龄的增长，而是学习热忱的减退。"

古今中外，凡是那些能够成就大业的人，虽然他们各自的特点和条件不同，但却有一点是一致的，那就是他们都非常喜欢学习。他们的经历告诉我们青少年朋友：学习是人们建功立业、实现抱负的有效途径，也是我们获取成功的重要秘诀。

常言说，"腹有诗书气自华"。一个人拥有了渊博的知识，自然会气宇轩昂，始终对人生充满信心，在这种信心的促使下，可以铸就丰功伟业。

在现实生活中，很多青少年认识到了学习的重要性，然而，却始终提不起对学习的兴趣。主要是因为，他们对学习缺乏一股热情。只有对学习充满热情的人，才会真正投入其中，取得成绩。对这些人来说，学习本身就是满足。

北大中文系教授朱德熙先生曾在其文中讲到两位北大学者忘我工作的故事。其中一位就是我国著名物理学家、教育家王竹溪先生。

王竹溪先生曾经在清华大学和北京大学物理系教学 40 多年，他的学生可谓遍天下，我国很多著名的物理学家都曾经听过他的课，其中最有名气的是杨振宁和李政道。

王先生不仅是一位伟大的物理学家，也是一位视学习如生命的学者。他的一生兴趣广泛，不仅在物理和数学领域造诣深厚，而且有着很好的中国语言文字和历史文化根底。

还在联大的时候，王先生就打算编一部用他自己发明的检字法检字的字典。为了验证他的检字法是否能对付所有的汉字，他把《康熙字典》的字从头到尾数了一遍，逐字登记下来，再用他的检字法来检验。过去没有人知道《康熙字典》一共有多少个字，王先生统计的结果是 47043 个字。1943 年日本飞机轰炸昆明，王先生的家被毁，接着他的大儿子又病死了。王先生这部字典的大量工作就是在他遭到如此不幸的时候做的。这部字典已于 1988 年 1 月由上海翻译出版公司和电子工业出版社联合出版，初名为《新部首大字典》，共收录了 51100 个汉字，多于《康熙字典》，是对汉文字学的重要贡献。

王竹溪以一人之力独立完成了此巨著，表现出他不仅具有深厚的学术造诣，而且具有超乎常人的勇气和毅力，这种精神堪为后辈楷模。

另一位就是令朱德熙先生至今难忘的胡某某。

1968年秋天，朱德熙被关在北大"牛棚"里。与他关在一起的是无线电系的教师胡某某。胡某某潜心于研究学问，他曾在两次半夜里偷偷爬起来点着洋蜡写论文。为了写论文他吃了不少苦头。当时有很多人都说他傻，因为即便他写了好论文，也难以发表；即便发表了，也无法署名，更拿不到稿费，真不知道他图个什么。其实胡某某他不图什么，他一心只想研究学问，写好论文。把论文写好就是他最大的满足。

真正潜心研究学问的人，是不会吝啬生命的。北大之所以能形成如此浓厚的学术氛围，是因为总有一批专心致志钻研学问、几近痴狂的学者，他们视真理为信仰，视学识为生命。这种对学术锲而不舍的精神越是在艰难的逆境中越显得可贵。青少年朋友要是有文中两位先生一半的认真劲儿，那取得好成绩就真的不是问题，名牌大学也会为你敞开大门。

时刻对学习充满热情，会让我们拥有更大的前行动力。保持学习的热情，是最具生命力的一种生存方式，会给我们带来高品位、高质量的生活。对学习充满热情，要求我们将学习视为一种乐趣和享受，将学习融入生活中去，将生活的基本含义从"吃、喝、拉、撒、睡"丰富为"吃、喝、拉、撒、睡、学"。如此，我们的物质生活和精神生活便得到了有机结合，不仅满足了生命的基本需求，还能够满足我们的精神文化层次的需求，使我们的人生进入一个新境界！

当今时代，学习对我们来说，不再是获得某项职业的一次性"敲门砖"，也不再是仕途升迁指定性的"动力源"，而是一种终身化的成长进步行为，是我们健康生活、愉快工作的客观需要。青少年朋友，拥有学习的热情，不仅可以帮助我们顺利考入好大学、找到好工作，还能引领我们走向更加丰富、圆满的生活。

在实践中，青少年朋友如何提升学习的热情呢？这里有一个窍门，就是用行动激发你的热情。

美国著名教育学家威廉·詹姆士曾经说过这样一句话："行动似乎跟着感觉走，其实行动与感觉是并存的，大多都以意志控制行动，也就能间接控制感觉。"如果你缺乏学习的热情，不妨装着很有热情的样子去学习。

有这样一个例子：

有一位业余足球运动员，一天，他踢到半场，在比分落后的情形下，情绪非常低落，渐渐地就丧失了"斗志"。这时候，他常识性地大喊了一声，并装作很有激情的样子，猛地冲上前去，积极跑位。不一会儿，他就发现自己又重拾了热情，变得很有斗志了——是行动让他重燃了胜利的希望。

青少年朋友不妨试试这种方法，用更强烈的行动来激发自己的热情，比如在上课的时候，挺直胸膛，看着老师，心里想："这门课程非常重要，我要充满热情地去学习，好好听课，争取不漏掉任何一点新东西。"这些行动可以带动你的热情，不知不觉间，你就已经认真地听完了这节课，你对这门科目的兴趣也将与日俱增。

试一试吧！立刻行动起来。

坚持下去，对生活充满热情

没有人因水的平淡而厌倦饮水，也没有人因生活的平淡而摒弃生活。

——海子（毕业于北京大学，著名诗人）

信念是什么？所谓信念，是指不去相信那些看得见的东西，而是相信那些看不见的东西，并且通过自己的努力将其变为现实。一个人心中若拥有了信念，并始终坚持这种信念，相信这个信念一定会在现实中结出丰硕的果实。

信念坚定者往往对生活充满无限的激情。主要是因为在信念的驱使下，他对未来有一个很好的图景，在日常生活中会不知不觉地将这个图景转化为满腔热情，生活丰盈且充实。

有这样的一个故事：

一个夏天的午后，有甲、乙两只青蛙在池塘边寻找食物时，一不小心掉进了路边的一个牛奶罐里。那个牛奶罐里还剩一点儿牛奶。

青蛙甲一看到自己身陷险境便深感绝望，心想："这下子要完了，我要死了，这个牛奶罐这么高，我是永远都出不去了。"它一边这样想一边"呱——呱——呱"地叫了几声，声音无比绝望，叫过几声后，便再也没有发出任何声音。

青蛙乙呢？它听到了同伴绝望的叫声，还眼睁睁地看着它没了声息。看到此情景，青蛙乙有些害怕，但它并没有绝望，而是不断地告诫自己："活着是多么可贵的事情啊！上帝既然给了我坚强的意志和发达的肌肉，我就一定能够活着出去！我要跳出去！"于是，它鼓起勇气，鼓足力量，一次又一次奋起跳跃。坚定的信念和求生的意志给予了它巨大的力量。不知过了多久，它突然发现，脚下黏稠的牛奶变得坚实起来。原来，在它的一次次践踏下，液状的牛奶已然变成了一块坚硬的奶酪。

不懈的奋斗和挣扎终于换来了重获新生的那一刻，青蛙乙最终从牛奶罐里轻盈地跳了出来，重新获得了自由。而青蛙甲呢？却永远地留在了牛奶罐中，它做梦都不会想到，自己其实是有机会逃出险境的。

这个小故事告诉我们青少年：信念和热情是超越困难和开创道路的最佳武器。当你一面对难关就认为绝对无法克服时，那么你就已经失败了。而坚持下去，或许你会获得成功。

毕业于北京大学的北京中坤投资集团董事长黄怒波这样说过："有的朋友会问我一个问题，'一个人最应该沉淀的特性是什么？'我给他的答案很简单，就两个字——坚持！"

世上最容易的事是坚持，最难的事也是坚持。青少年时期容易产生急躁的情绪，许多事情就会浅尝辄止，只一个小小的放弃的念头，就会与成功失之交臂。

每一个成功都来之不易，每一项成就都要付出艰辛。对于那些立志成就大事的人，无论环境如何凶险，苦难多么难以克服，他都不会产生放弃的念头，因为他相信：胜利往往产生于再坚持一下的努力之中。

一天，古希腊伟大的哲学家苏格拉底对他的学生们说："今天咱们的任务是学习一件最简单也是最容易做的事儿。你们每个人都将自己的胳膊尽力向前甩，然后再尽力向后甩。"他一边说一边给学生们示范："从今天开始，你们每天都要坚持做三百下。大家都能做到吗？"

听了老师的话，学生们都笑了。这么简单的事情，有什么做不到的？

一个月的时间过去了。课堂上，苏格拉底问学生们甩胳膊的情况，结果是：其中大约有90%的同学都骄傲地举起了手。

又一个月的时间过去了。课堂上，苏格拉底又问学生们甩胳膊的情况。这次，举手的同学只剩下了 80%。

　　一年的时间过去了。课堂上，苏格拉底再一次问学生们甩胳膊的情况："请你们告诉我，最简单的甩胳膊运动，还有哪几位同学坚持了？"这时，整个教室里，只有一个人举起了手。这个举手的同学就是后来成为古希腊另一位大哲学家的柏拉图。

　　坚持，说起来容易，要做到却很难。就像参加马拉松赛跑，刚开始参加的人可以说是成百上千。但是一段路程后，参加者的人数便渐渐少起来。原因是坚持不下去的人逐渐自我淘汰了，而且越到后面人越少，全程都跑完能够冲刺的人更少，冠军实际上就是在这些坚持到最后的人当中产生的。这种比赛与其说是赛速度，不如说是比耐力，就是看谁能够坚持到最后。坚持到最后的才有可能成为成功者。

　　青少年朋友，我们做任何事情都和进行马拉松赛跑一样，是否成功，决定权在于能否坚持到最后那一瞬间。中途就退出赛场的人永远也不会有成功的可能。

　　青少年朋友一定要记得这句话：再长的路，一步一步总能走完；再短的路，不去迈开双脚将永远无法到达。再多一点努力，再多一点坚持，你会惊奇地发现：空气里到处都穿行着绚烂的成功之花。

礼物七

气质，来自你读过的书和走过的路

　　每一种氛围都能孕育出人们千差万别的气质，有的粗俗轻浮，有的儒雅高贵。北大的氛围则孕育出北大学子超凡脱俗的气质，这种气质当然不是北大人与生俱来的，也不是完全由环境所决定，而是由自己所修炼得来的。北大人热爱读书，喜好艺术，善于辩论，讨论社会热点，而这些都是北大气质的来源。

气质，是时间打不败的美丽

风度表现着一个人的文化教养，是一个人审美观念和精神世界凝成的晶体。

——金马（毕业于北京大学）

有一句话特别有名：女人可以不美丽，但是绝不能没有气质。美丽的外貌可以让人美一时，但高贵的气质却可以让人美一生。气质，是时间都打不败的美丽。一个人的气质之美，很大程度上决定了一个人，尤其是一个女子的一生幸福。从某种意义上来说，气质是我们获得幸福、取得成功的一个重要资本。

生活中，很多人都会有这样的体验，欣赏某个人，往往并非欣赏他（她）漂亮的外表，而是被他（她）的气质所吸引。因为：一个人的真正魅力主要在于特有的气质。

一个人有没有气质，是能够通过外在看出来的。说一个人气质美，就是看他（她）的言行举止，以及说话的表情、待人接物的分寸等。生活中，朋友初交，互相打量，立刻产生好印象，这个"好印象"除了言谈之外，便是气质在其中发挥了作用。对方的气质吸引了你。

在很多人的心中，"以貌取人"都是一种不礼貌的行为。然而，它在某种情况下，并非浅薄者的愚见，而是智慧者的洞察。因为，一个人的外在所体现出来的气质和形象，往往是这个人内涵的窗口，细心的人从这扇窗里看进去，能够发现他（她）的整个身心。

希尔是美国一位著名的商人。他在刚开始创业的时候，就意识到了外在服饰在一个人的人际交往中的重要作用。他清楚地认识到，商业社会中，一般人是根据一个人的衣着来判断对方的实力的，因此，他先去拜访了一家裁缝铺。

凭借着往日的良好信用，希尔在这家定做了三套昂贵的西服，共花了275美元，而当时他的口袋里仅有不到1美元的零钱。然后他又买了一整套最好的衬衫、衣领、领带、吊带等，而这时他的债务已经达到了675美元。

收到定做的服饰后，在每天的早晨，希尔都会身穿一套全新的衣服，在同一个时间里、同一个街道同某位富裕的出版商"邂逅"。他每天都和他打招呼，并偶尔聊上一两分钟。这种情况持续了大约一周之后，这位出版商开始主动和希尔说话，并说："你看起来混得非常好啊！"

接下来，这位出版商便想知道希尔所从事的行业。因为希尔身上所透露出来的那种极有成就的气质，再加上每天一套不同的新衣服，已经引起了这位出版商极大的好奇心。而这正是希尔所希望发生的。

面对出版商的疑问，希尔轻松地说："最近我正在筹备一份新杂志，并且打算在近期内就出版，杂志的名称为《希尔的黄金定律》。"

出版商说："哦，太巧了，我就是从事杂志印刷及发行的。或许我可以帮上你的忙。"

这正是希尔最渴望的回答。而当他购买这些新衣服时，他心中已想到了这一刻。

后来，这位出版商邀请希尔到他的俱乐部去，和他共进午餐，在咖啡和香烟尚未送上桌前，已"说服"了希尔答应和他签合约，由他负责印刷及发行希尔的杂志。希尔甚至"答应"允许他提供资金并不收取任何利息……发行《希尔的黄金定律》这本杂志所需要的资金至少在3万美元以上，而其中的每一分钱都是从成功者的形象所创造的"幌子"上筹集来的。

西方有句谚语："你就是你所穿的！"其实，这个世界的每个人都在进行着"以貌取人"的事情。在观察人的时候，我们都戴着印有自己标准的眼镜，可以从对方的外在气质上得出关于他（她）的一切遐想：学历、职业、社会地位、家庭背景……好气质，能在第一时间就感染人心，让人喜欢。

毕业于北大的一名事业成功的优雅女士在她的回忆录中这样写道：

我小的时候在困窘的环境中成长，但是，母亲从来都把我们的生活安排得井井有条。日子被母亲过得每天都那么有滋有味。她给我们做的白衬衫、白边鞋、粗布衣服是最整洁的。而且，家里的桌子上永远铺着一块十分洁净的格子图案的桌布，上面的老式琉璃雕花瓶总是擦得晶莹剔透，里面插着的花都是后山上刚开的花，花几乎天天换，从没有过丝毫枯萎的迹象。她让我们在艰辛中明白什么是整洁与有序，让我们知道粗劣的土地上一样可以长出美丽的花。她经常说的话是：生活可以简陋，但却不可以粗糙。

一个注重幸福感的人，必定注重培养自己的气质，必定拥有一颗精致的心，他（她）懂得用心去品味、咀嚼、经营日常生活中的点点滴滴。这样的人，走到哪里都让人难以忘怀，并心生羡慕。

气质，是一个人内在涵养的呈现，也从中可以看出他（她）的自信程度。一个在气质上就看起来像个成功者的人，通常做事时遇到的阻碍也会少。

气质并非生而有之的。一个人气质的形成，就如同我们吃中药，是慢慢调理出来的。细心观察你就会发现，古今中外那些有着高尚人格和非凡气质的人，都是十分注意这一"塑造"和"调理"功夫的。青少年朋友，如果你也想成为一个让人喜欢的人，不妨努力去培养自己的气质吧！

与其关注容貌，不如培养气质

> 美是一朵鲜艳的花，风度是一棵常青的树；时间是美的敌人，却是风度的朋友。
>
> ——汪国真（北京大学客座教授，著名诗人）

"爱美之心，人皆有之。"在青少年中尤其如此。很多青少年认为，对一个人来说，容貌是第一位的，如果一个人没有姣好的容貌，即便他（她）再努力、学习成绩再优秀，也无法吸引别人的注意力。其实，这是一种狭隘的想法。

关注容貌没有错，错的是不能只关注容貌。因为，爱美，更要讲究气质。在一般人的观念里，总认为只有通过保养、装扮等才可以提升一个人的魅力，甚至认为这些才是魅力之本。其实，这些只是塑造魅力的技术性手段和方法。事实上，任何魅力人士必定是内秀的。一个人即使容貌再美丽，但如果不读书，不提升气质，将失掉七分内涵。容颜易老，但气质不会老去，因为气质时时有充足的营养补给，不但自己美，也能影响和温暖她的周围人。如果胸无点墨，任凭有华丽的衣服装饰，也只会给人以肤浅的感觉。人的气质美，才是真正美的全部表现。

北大英语系 80 级校友、新东方教育科技集团董事长兼总裁俞敏洪在一次和大学生的座谈会上说过这么一段话，诠释了气质的重要性。他说："气质比修饰外表更重要。你整容其实无可厚非，穿件好衣服也无可厚非，毕竟让人看了舒服，然而对大学生来说，内在气质比容貌更重要。如果你对事业的热爱和追求都没有，长得再漂亮也没用，一定要把外表的修饰和内在的气质结合起来，才可以发展得更远。你过了30岁以后，基本上大家看到的就是你的气质了，经常说美女容易成功，但是你现在看看有几个成功的女人是很漂亮的？所以，锻炼内在的气质比修饰外表更重要，在现代社会中必不可少。"

在词典中，"气质"是指我们通常所说的脾气、性情相近，是人的比较稳定的个性特征。大家看了这个解释可能还是不太理解，让我们来看看著名的文学家、北大教授林语堂先生对于"气质"的领悟，他在《论读书》中谈道："像《浮生六记》中的芸，虽非西施面目，并且前齿微露，我却觉得是中国第一美人。"在林语堂的心目中，"芸"这个女子虽然没有西施般的美貌，但她浑身上下所散发的淡泊、宁静的气质，却让人感觉异常的美。林语堂对男子的气质也有独到见解："章太炎脸孔虽不漂亮，王国维虽有一根辫子，但是他们是有风韵的……"章、王二人没有潘安之貌，可是在文学大师林语堂的心目中地位颇高，唯有"气质"两个字才能解释。从中可见气质之于一个人的重要性。

在我们的生活中，也有这样一些女子：她们并无沉鱼落雁之容，也无闭月羞花之貌，但是，她们举手投足所流露出来的那种优雅的气质，令人深深感动。那种经过岁月的洗礼、沉淀，丝丝缕缕散发出来的高贵典雅，犹如微风中摇曳的兰花，又如同幽谷里静静绽放的百合，令人感动之余，不由得心生敬意。

约瑟芬皇后长得并不漂亮，又是有两个孩子的寡妇，并且比拿破仑还大 6 岁。拿破仑为什么会钟情于约瑟芬呢？一方面拿破仑被约瑟芬大胆、坦率的行为所感动，另一方面是被她优美动人的姿态所倾倒，尤其是被她高贵的气质和具有远见卓识的谈吐所折服。约瑟芬的气质竟然能使这位军事上的伟大人物相信，这位寡妇的学识才智在他之上。

英国作家毛姆曾经说过："世界上没有丑女人，只有一些不懂得如何使自己看来美丽的女人。"

美丽或许是天生的，但是气质却是需要经过后天培养方能形成的。有些人，他们虽然不美丽，但是由于气质独特，总能在纷纷攘攘的人群中卓然挺立，被人一眼发现。

如果你细心观察，就会发现这样的现象：凡是品位出众、举止修养有水准的人，其举手投足均卓尔不凡，会给人耳目一新的感觉。这便是气质在他们身上发挥着作用。品味、欣赏甚至模仿这些气质佳者，不失为培养气质的好方法。

青少年朋友，与其把所有的时间都浪费在对衣服的讲究和对化妆品的选择上，不如提升自己的修为，塑造自己独特的气质更有意义。

腹有诗书气自华，气质是读书的积累

自由的读书，可以开茅塞，除鄙见，得新知，增学问，广识见，养性灵。一人的落伍、迂腐、冬烘，就是不肯时时读书所致。所以读书的意义，是使人较虚心，较通达，不孤陋，不偏执。

——林语堂（曾在北京大学任教，著名学者、文学家、语言学家）

一个人的气质是指一个人的内在涵养或修养的外在体现。气质是内在的不自觉的外露，而不仅是表面功夫。气质与生俱来，难以改变。

晚清第一名臣曾国藩曾对儿子曾纪泽说："人之气质，由于天生，本难改变，惟读书则可变化气质，古之精相法者，并言读书可以变换骨相。"由此可见，读书不仅可以让我们增长知识，还可以提升我们的精神境界，提升我们的气质修为。常读书，会使人脱离低级趣味，养成高雅、脱俗的气质。实际生活中，那些读书与不读书、读书多与读书少的人，所表现出的内在气质往往有很大的差别。正所谓"腹有诗书气自华"，一个人的气质修养与长期、大量的读书活动是分不开的。如果我们能够坚持读书、读好书，气质自然会得到改善。

在五凤古镇，有一首题诗特别著名，它就是国家一级书画家张幼矩老先生赞誉哲学家贺麟先生的"五凤溪边引兴长，春花秋实沁心香。青山绿水偏多意，此地有人添国光"。

贺麟是我国著名的哲学家、哲学史家、黑格尔研究专家、教育家、翻译家，他出生于五凤古镇，曾经在北京大学教学。据贺麟陈列馆负责人、贺麟堂弟贺光乐介绍，贺麟是贺氏第75代子孙。贺氏第66代子龙公于康熙末年"湖广填四川"来到金堂五凤杨溪沟（现金箱村）落户。贺麟出身于书香门第，他的曾祖父为清道光贡生，祖父为咸丰朝监生，父亲贺明真为当地学董，这为他的一生奠定了坚实的基础，"我要读世界上最好的书，以古人为友，领会最好的思想"是他一生的追求。

读书是一种健康的活动，它是一种精神的跋涉，能造就出一种文气。所谓"腹有诗书气自华"，是指饱读诗书，满腹经纶，"气"可以理解为"气质"或"精神风貌"。全句的重心在"自"上面，它强调了饱读诗书有助于培养华美的气质。一个人，如果经常读书，心灵常得到知识的浸润，其气质自然会华美很多。

当然，通过读书改变气质并非一件容易的事，更不是说买几本书做做样子，或随便读上几本流行小说便能产生立竿见影的效果。而是需要日积月累，需要耐得住寂寞，需要坚持，是一个长期修炼的过程。真正喜欢读书的人，会将读书当成自己生活的一个重要组成部分，当成和吃饭、睡觉一样重要的事情，经年累月，不断地汲取书中的营养。这样的人，其视野才会不断开阔，其心灵才会愈加澄澈，其思想自会不断升华，美好的气质才会自然而然地形成。

说到读书，很多青少年会有这样的疑问：书如何读才好呢？是的，书籍浩如烟海，生命有限的个人根本不可能读完所有的书，甚至一个专家也不可能把某一专业领域的书都读完。另一方面，书籍良莠不齐、鱼龙混杂，也没有必要都去读。

那么，我们青少年要怎么读才对呢？

清代名臣曾国藩向我们指出了三种读书方法：

第一，要读经典。经典经历了历史长河的考验，经历了无数人的赞扬和批判。而时间和历史是最伟大、最客观、最公正的选家，它们为我们所选择的书就是经典著作，读书就要读它们所选择的书。可以说，读书就是读历史，读历史上的经典著作，读经典著作所写成的历史。曾国藩自己就是儒家标准的知识分子，所以他教儿子曾纪泽读书，从小就很有规划，主要是以《十三经》和《二十三史》为根本。曾国藩在教导儿子读书时，告诫他们，经典一定要精读，因为从学习的效率上来说，精读要比泛读还要重要。泛读虽然也能学到不少东西，但学得多，忘得也多。但精读就不一样，能吃得深、吃得透。

第二，"一书不尽，不读新书"。曾国藩主张，在一本书还没读完的情况下，不要急着读另一本书。现实生活中，很多青少年有这样的缺点，一下子买来好几本书，这本翻翻，那本翻翻，美其名曰读了好多书，其实一本都没读完，一本都没读通、读透。而曾国藩极力反对这种读书方法，主张一本没读完，就不要忙着去读其他的书，这实际上就是沉浸的读书法。正如国学大师王国维所说："学习的境界要先入乎其内，再能出乎其外。"读书更是这样，一本书，你要先能沉浸进去，才能最终从中获得有价值的东西。

第三，要培养个人的读书兴趣与方向。曾国藩非常重视对两个儿子读书兴趣的培养。他的大儿子曾纪泽不喜欢科举考试，不喜欢八股文，而非常喜欢西方的语言学和社会学，曾国藩就鼓励他按自己的兴趣方向去读书。曾国藩为了和大儿子更好地沟通，甚至自己也读了很多西学著作。在曾国藩的培养和鼓励下，大儿子阅读了不少西学著作，后来写成了《西学述略序说》和《〈几何原本〉序》两本经典作品。对于二儿子曾纪鸿，曾国藩的方法就比较特别了。他不仅鼓励二儿子培养出数学研究的兴趣，难能可贵的是，他还经常鼓励并教导爱读书的儿媳妇郭筠学习。在曾国藩的引导下，郭筠通读了《十三经注疏》和《资治通鉴》，也成了一个有名的才女。

现实生活中，很多青少年朋友常常抱怨自己没时间读书或者抱怨学习的环境太差，其实这都是在给自己的懒惰找借口。读书本来是很简单的事情。只要你有兴趣，什么时候都可以读，而没有必要非得要求一个好的环境。一个不爱读书的人，给他任何好的条件也没用；而喜欢读书的人，在什么地方都可以随手翻开书来阅读。

当今是一个知识经济时代，掌握了知识就掌握了改变世界、创造财富的力量。所以，很多成功人士的书架上都会摆满各种各样的书籍，虽然其中不乏些许摆样、走形式的"作秀者"，但是也确有人从中吸取知识，为己所用，而这些人在说话办事时，从内到外都透露出一股儒雅的气质和吸引人的魅力。

让气质充满知性的光辉

做一个杰出的人，光有一个合乎逻辑的头脑是不够的，还要有一种强烈的气质。

——金马（毕业于北京大学）

所谓知性，也被称为"理智"或"悟性"。知性一词，原本是德国古典哲学常用的术语。康德认为，知性是介于感性和理性之间的一种认知能力。从含义上讲，知性是指内在的文化涵养自然发出的外在气质。

知性，是一种包容、成熟、理智、温和、智慧、优雅的集合，如形容某位女子知性，指的是她充满知性的柔和魅力，感情丰富，清楚自己需要什么；工作上中性，但感情上又极具女人味。她们不同于小女孩似的单纯，也不同于小女人式的狭隘。

如今，很多女孩子都擅长化妆，也非常会打扮自己，个个看起来都非常美丽。但若你仔细品味，还是可以发现其中的不同。那种知性的气质通过化妆和打扮是体现不出来的。知性的气质，主要体现于我们的仪态、表情和眼神。

我国著名学府北大也曾培养过很多非常知性的人。

一位作家在讲述北大的文化时，提出了一个非常有意思的现象，说北大"校园里有白发苍苍的先生，长发飘飘的女生，这是未名湖畔的亮丽景观。"我国著名作家、北京大学诗歌研究院院长谢冕教授也曾这样说："燕园的美丽是大家都这么说的，湖光塔影和青春的憧憬联系在一起，益发充满了诗意的情趣。每个北大学生都会有和这个校园相联系的梦和记忆，尽管它因人而异，而且也并非一味地幸福欢愉，会有辛酸烦苦，也会有无可补偿的遗憾和愧疚……燕园其实不大，未名不过一勺水，水边一塔，并不可登，水中一岛，绕岛仅可百余步；另有楼台百十座，仅此而已。但这小小校园却让所有在这里住过的人终生梦绕魂牵。"北大的美、内涵吸引了一批又一批的有识之士。

从北大学子们身上，我们可以从中领略到那种知性美的精华：学识渊博、爱好广泛、拥有良好的性格、内心世界丰富、心态健康等。

实践中，我们青少年如何培养知性的气质呢？

1. 成为一个优雅的人

一个人的气质是内部修养、外在的行为谈吐、待人接物的方式态度等的总和。优雅大方、自然的气质会给人一种舒适、亲切、随和的感觉。

2. 多学习，少玩乐

气质不是学来的，而是培养出来的。多看书，多思考，气质不是一两个月就可以改变的，是需要一年、两年甚至更长的时间。

3. 品位决定气质，培养高尚的品位

气质分很多种类，比如张扬、灵性、清秀，还有一种就是更难达到的高雅。我们首先应了解自己是哪种类型，然后再为自己创造后天的完美气质。

4. 仪态端庄，充满自信

一个步姿洒脱、意气风发、充满自信的人，最能吸引别人。

5. 保持幽默感

一个懂得在适当的场合和适当的时间展露笑容或开怀大笑的人，定能受到别人的欢迎。

6. 重视外在

在社交场合，必须注意仪表的端庄整洁。在社交活动时，适当地修饰与打扮是应该的。切忌疲疲沓沓，不修边幅。

7. 不斤斤计较

要心胸开朗，豁然大度，千万别小心眼、小家子气。不要为一点点小事就大动肝火，斤斤计较。

8. 不自视清高

不要总是低估别人，高看自己，因为高抬的目光会让你看不见正确的前进方向的。

9. 不卖弄聪明

每个人都有自尊心，都有引以为傲的地方。卖弄是缺少教养的表现。

做好以上各点之后，再加上这四点：读最灵秀的诗、听最美好的音乐、选最精美的杂志、看最优秀的著作。相信有一天，日积月累的修炼会让你成为一个知性、优雅的人。

礼物八

优秀，是习惯
更是能力

　　北大的学子几乎都是以全国各省市的状元身份进入北大的，就某些方面来说，算得上是非常优秀的。但是在北大的环境中，每一个人都应不断进取，没有人能够就此止步。人生是一个不断发展的过程，我们也要跟上时代的步伐，走在时代的前沿。从平凡到优秀也许不难，从优秀到卓越就需要你发挥更大的主观能动性。

优秀，是一种人生选择

要引人敬意，就要研究一个非常专业的领域，在那个领域中，你是最顶尖的，至少是中国前十名，这样无论任何时候你都有话说，有事情可做。我原来想成为中国研究英语的前100名，但后来发现根本不可能。所以我就背单词，用一年的时间背诵了一本英文词典，成为中国单词专家，现在我出版的红宝书系列，从初中到GRE词汇有十几本，年销量100万册，稿费比我正式工作都高得多。

——俞敏洪（毕业于北京大学，新东方学校创始人，现任新东方教育科技集团董事长兼总裁）

提起著名作家，北大哲学系毕业的周国平先生很多人都非常熟悉，并对他的文学作品欣赏有加。在周国平的众多作品中，有一本书非常有名，书名叫作《生当优秀》。周国平的这本书集纳了他的经典人生语录。在他看来，生活在这个世界上，我们每个人都应当追求一种优秀的品质，所谓优秀，即要把人之为人的禀赋发展得尽可能地好，要使人性的品质在自己身上得到充分的体现。

周国平先生说得对。在这个世界上，我们每个人都应该树立一个目标，并为这个目标的实现而努力，争取成为一名优秀者。现实生活中，很多人之所以过着平庸的生活，甚至不断遭遇失败，主要原因在于他们从来都不肯种下一颗"优秀"的种子，不肯努力成为优秀者。

全世界最早的现代成功学大师和励志书籍作家拿破仑·希尔曾经说过，一个人唯一的限制，就是自己头脑中的那个限制。唯有自己才能挣脱自我设限。

西方有句谚语："上帝只拯救能够自救的人。"也就是说，没有人可以限制你成为一名优秀者，除非你自己。如果你不想为成为优秀者而努力，挣脱固有想法对你的限制，那么没有任何人可以帮助你。

曾有人做过这样的一个实验：

实验者找来一只跳蚤，将其放在办公桌上。只要他一拍桌子，跳蚤便马上跳起来，所跳的高度均在其身高的百倍以上。接着，实验者在跳蚤的头上罩上了一个玻璃罩，再让它接着跳。这一次，跳蚤跳起的时候碰到了玻璃罩。接连多次的跳跃，跳蚤都碰到了玻璃罩。后来，跳蚤改变了起跳高度以适应这种情况，它每次的跳跃高度均保持在罩顶以下。接下来，实验者逐渐改变玻璃罩的高度。面对玻璃罩高度的改变，跳蚤都在碰壁后主动改变自己的高度。当玻璃罩接近桌面时，跳蚤已经忘记该怎么跳了。最后，实验者将玻璃罩打开，使劲拍桌子，跳蚤仍然不会跳，变成"爬蚤"了。

在上述实验中，跳蚤之所以成为"爬蚤"，并不是它已丧失了跳跃的能力，而是由于一次次受挫，它学乖了，习惯了，麻木了。最让人觉得惋惜的是，后来在玻璃罩被拿掉的情况下，它却连"再试一次"的念头都没有了，玻璃罩已经罩在了它的潜意识里，行动的欲望和潜能已被它自己扼杀了。

我们每个人的心中都会有一堵墙，走出自设的樊篱，大胆地期许成功和优秀，才能把自己的潜力释放出来，才能得到最优质的成功，成为一名名副其实的优秀者。

如果我们在生活中，凡事都努力做到最好，那么，所有遥不可及的幸福，都会纷纷汇集到你的身边。

故事发生在 60 多年前的一天，地点是美国的三藩市。这天，一位演员的妻子临产了，为他生下了一个可爱的男孩。

由于父亲是演员，这个男孩从很小的时候开始，就在剧组跑龙套。渐渐地，他滋生了当一名演员的念头。后来，这个念头成了他的梦想。可是，这个男孩从小身体就很虚弱。父亲便让他拜师习武来强身。

1961 年，男孩顺利考入华盛顿州立大学，主修哲学。大学毕业后，和大多数普通的男孩一样，他也结婚生子，过起了平常人的生活。可是在他的心底，那个当演员的梦想从来没有消失过。

一天，男孩和朋友谈到了梦想这个话题。他便随手在一张便笺上写下了这样一段话：

"我，将会成为全美国最高薪酬的超级巨星。作为回报，我将奉献出最激动人心、最具震撼力的演出。从 1970 年开始，我将会赢得世界性声誉；到 1980 年，我将会拥有 1000 万美元的财富，那时候我及家人将会过上愉快、和谐、幸福的生活。"

当时的他，可谓穷困潦倒。朋友看到他的便笺，觉得他在说笑话。其他人看了后，给予他的除了白眼就是嘲笑。然而，他却牢记着便笺上的每一个字，克服了无数次常人难以想象的困难。一次，他曾因脊背神经受伤，在床上躺了 4 个月，但后来他却奇迹般地站了起来。最终，他的梦想都得到了实现。他，就是李小龙。

在生活的溪流中，如果我们能够像故事中的主人公一样，敢于挣脱平庸命运的摆弄，大胆追梦，也同样会成为人生的赢家。正如周国平先生所说的，我们"生当优秀"。所以，青少年朋友，无论处在什么样的环境中，你都应该相信自己，相信自己是最优秀的那一个。

在遭遇苦难时，即使落泪了，也要及时擦干，全力以赴去努力，相信在你的汗水的洗礼下，梦想会一步步向你走来。

世上的每个人，都有这样或那样的缺憾；我们每个人的人生，都有很多不完美的地方。正因为如此，人类永远不满足自己的思维、自己的生存环境、自己的生活水准。青少年朋友，如果想成为一名优秀者，就要勇于突破人生缺陷的限制，通过努力创造出成功人生。

让优秀成为你的习惯

运气不可能持续一辈子，能帮助你持续一辈子的东西只有你个人的能力。

——俞敏洪（毕业于北京大学，新东方学校创始人，现任新东方教育科技集团董事长兼总裁）

现实生活中，很多事情的结果都会告诉我们这样一个事实：即便成功的道路有千万条，成功的方法不计其数，成功的要素无限多，但成功的关键可简单地归结于一点，那就是习惯的力量。对此，美国畅销书作家杰克·霍吉在《习惯的力量》一书中说，所有的成功都能归结于一种习惯。是的，勤奋是一种习惯，坚持是一种习惯，成功是一种习惯，优秀也是一种习惯。

早在公元前 350 年，古希腊哲学家亚里士多德就宣称："我们每一个人都是由自己一再重复的行为所铸造的。因而优秀不是一种行为，而是一种习惯。"亚里士多德的话告诉我们青少年，除了性格是天生的而有所不同外，我们身上的其他东西基本都是于后天形成的，是家庭影响和教育的结果，是自己后天发展的结果。由此可见，我们的一言一行都是日积月累养成的习惯使然。只不过，在日常生活环境中，有人养成了好习惯，有人养成了坏习惯。

如果说优秀是一种习惯，那么平庸也是一种习惯。所以，青少年朋友如果想成为一个优秀的人，就要从现在开始，把优秀变成一种习惯。每个人都平等地生活在这个世界上，我们的命运掌握在自己手中，是做一个平庸的人，还是做一个优秀的人是由自己来决定的。

漫长的人生中，我们会遇到来自各方面的竞争，只有那些永争第一、积极坐在前排的人才更容易出类拔萃，成为优秀者。

面对自己的人生，我们每个人的人生定位都会不同，由此产生了不同的生活态度。正所谓："取法乎上，仅得其中；取法乎中，仅得其下。"你将自己置于何种层次、何种境界，你便会获得何种层次、何样境界的人生。一个志存高远的人，必定将追求优秀作为自己的人生目标，作为一种近乎本能的习惯。著名作家、北大讲师鲁迅立志揭出劣根性，以疗救国人，所以"横眉冷对千夫指，俯首甘为孺子牛"，把别人用来喝咖啡的时间用于读书写作。除了鲁迅先生，北大还集中了全国最优秀的学生，他们的教育宗旨正是"追求卓越"。

青少年朋友，无论现在的你所处的境况如何，都一定要怀着一颗勇往直前的心，让自己强大起来，向优秀进发！

青少年朋友，努力成为一个优秀者吧！而要想成为一个优秀的人，你必须注意以下这几个方面：

1. 要有自知之明

古语有云："人要有自知之明。"这个说法并不过时，它是我们每个人都应该明白的道理。所谓自知，就是正确地认识自己，了解自我的优、劣势所在，例如，勤奋或懒惰、乐观或悲观、外向或内向、做事认真或敷衍了事、容易激动还是遇事冷静……如果你能够清楚地看到自身的优点和缺点，才算得上有自知之明。自知之明的深层意思是，要对自己的能力做更加深入的分析，例如，你的优势所在，你有什么特长，你具备什么独特能力，你擅长从事什么工作等。

2. 要懂得扬己之长避己之短

有了自知之明后，对自身的优、劣势会有一定程度的了解。这个时候，你就要懂得扬长避短，要积极地、有意识地发挥自己的优势和长处，抑制自己的缺陷和不足，力争使自己的优点更加突出。当然，即便你的劣势无关大局，也要尽力去克服，因为免不了有些时候，有人会放大你的缺点，缩小你的优点。生活中，发挥自己的优势不是一件难事，但克服自身的缺点却很难。但是，正是克服缺点和劣势有困难，才需要我们去挑战自我。一位成功人士曾经这样说："成功，从某种程度上来讲，就是克服自我缺点，将自身的劣势变为优势。"这句话不无道理。

3. 要记得与勤勉为友

优秀和勤勉是两个亲密的朋友，好似一对孪生兄弟。优秀者不一定勤勉，但勤勉者即便不是最优秀的，起码也是比较优秀的。从某种意义上可以说，勤勉本身就是优秀的代名词。正所谓台上一分钟，台下十年功，成功都不是轻而易举得到的，也不要轻易相信什么天才的神话。优秀者从来不将自己当特例，他们只知道下笨功夫。

一次优秀的行为算不上优秀，习惯性的优秀才称得上优秀。优秀者之所以优秀，最主要的因素在于他们拥有一种优秀的习惯，这种习惯在潜移默化中，衍生了他们优秀的个性、优秀的作风、优秀的人格。渐渐地，会让你发现，当优秀成为一种习惯的时候，发生在你身上的一切都会与众不同。

对于处在成长中的青少年朋友，更需要不断地提示自己，让优秀的因子深植于内心，让优秀的行为变成一种习惯，让自己的生命从此在优秀中悄然绽放。

良好的习惯，让人更容易成功

好习惯养成了，一辈子受用；坏习惯养成了，一辈子吃亏，想改也不容易了。

——叶圣陶（曾为北京大学"新潮社"成员，作家、教育家、社会活动家）

关于习惯，美国心理学巨匠威廉·詹姆斯有这样的经典诠释："种下一个行动，收获一种行为；种下一种行为，收获一种习惯；种下一种习惯，收获一种性格；种下一种性格，收获一种命运。"习惯渗透于我们日常生活的方方面面，影响了我们的行为，影响了我们的性格，甚至影响了我们的命运。习惯的作用竟然如此之大！

据某项调查表明，人类日常活动的90%都源自习惯。你试着想一下，我们在一天之内会进行多少个习惯性活动：几点起床、怎么洗澡、刷牙、穿衣、读报、吃早餐等。习惯的影响不仅涉及我们的日常生活，还涉及其他方面。如果不对自己的习惯进行调整掌控，那么它们或许会改变我们的生活，甚至影响我们的性格。

习惯的作用是如此之大，但是，想改变它却并非一件易事。

生活中，如果你养成了良好的习惯，那么恭喜你，这就无异于为你将来的成功之路铺下了稳固的基石，一旦机会出现，成功便会在前面向你招手。但是如果你养成了坏习惯，这些坏习惯往往很容易就使你走向与理想背道而驰的道路。

北大一位心理学教授曾给他的学生讲过这样的一个故事：

一天，某学校的某位老师和学生饭后一起散步。

途中，老师突然停下了脚步，仔细看着身边的4株植物：第一株植物是一棵刚刚冒出土的幼苗；第二株植物已经算得上挺拔的小树苗了，它的根牢牢地盘踞到了肥沃的土壤中；第三株植物已然枝叶茂盛，差不多与年轻学生一样高大了；第四株植物是一棵巨大的橡树，学生几乎看不到它的树冠。

老师指着第一株植物对学生说："你将它拔起来。"

学生按照老师的指示，很轻松地便将幼苗拔了出来。

老师又说："你现在将第二株植物拔起来吧！"

学生按照老师的指示，稍微增加了一点力量，便将小树苗连根拔起了。

后来，按照老师的指示，学生又将枝繁叶茂的第三株植物给拔出了。

"现在，"老师接着对学生说道，"接下来你试着去拔那棵橡树吧！"

学生抬头看了看巨大的橡树，想到自己刚才拔那棵小得多的树木时已然筋疲力尽，所以他拒绝了老师的提议，连尝试都没有去尝试。

"孩子呀！"老师对着学生叹了一口气说道，"你的举动恰恰告诉你，习惯对生活的影响是多么巨大啊！"

我们养成的习惯，就像故事中的植物一样，根基越雄厚，就越难以根除。橡树是如此巨大，就像根深蒂固的习惯那样令人生畏，让人甚至惮于去尝试改变它。青少年朋友如果养成了什么坏习惯，趁年轻，要赶紧将其改掉，以免它长成"参天大树"，那个时候要想清除就困难了。

习惯的改变并非易事，需要我们日积月累地关注。

对青少年来说，养成良好的习惯非常重要。然而，习惯是从播种行为开始的，不良行为会导致恶习的养成，良好的习惯需要从一点一滴做起。

礼物九

专注，通往成功的必经之路

晋代竹林七贤之一的刘伶有句"静不闻雷霆之声，熟视不睹泰山之形"，十分形象地描述了一个人在专注时的状态。专注是一种磨炼，也是一种力量。世界之大，我们不可能每一件事情都去尝试，都去拥有，在我们尽可能多地去经历的情况下，选择一两件自己喜欢和擅长的事情，专注地去做，必定能够做出一番成绩来。

事事用心，做解决问题的高手

> 伟人之所以伟大，是因为他与别人共处逆境时，别人失去了
> 信心，他却下决心实现自己的目标。
>
> ——海子（毕业于北京大学，著名诗人）

潘爱华，是我国目前最大的生物工程企业之一——深圳科兴生物制品有限公司总经理，是一名北大教授，是生物化学、政治经济学博士，也是北大未名集团、深圳科兴生物科技公司总裁，参与创立了未名集团。仅仅几年的时间，该集团就从一个只有40万流动资金和数名兼职人员的小企业发展成为资本达数亿元的大集团，市场占有率高达60%。凭借独特的做人做事的风格，潘爱华被评为美国名人协会1997年全世界500位最有影响力的领导者之一。

业界很多人将潘爱华与侯云德、陈章良两人并称为中国基因工程的"三剑客"。北大一位负责人更是直称他为"北大的资产"，并曾经这样说过："盯住潘爱华，他是北大的资产。"——潘爱华不是人才，而是"资产"。那么，他到底是靠什么将科兴公司引向成功的呢？

其实，潘爱华依靠的是他的那股"硬着头皮也要上"的坚定信念。

潘爱华的深圳科兴生物制品有限公司是中国第一家成功的生物企业，其销售额和利润非常惊人，增长速度也是惊人的。在这种势态下，按理说应该有很多同类企业跟随，然而，事实却并非如此。主要原因是，科兴的苦难历程将很多要自己开发产品的生物企业给吓退了。

1995年5月，从北大生物系读完生化博士研究生后，潘爱华来到科兴，当时和他一起来的是陈章良教授。陈章良任总经理，他任常务副总。

当时的科兴挣扎于生死的边缘：负债4000多万，亏损1300万，银行账户被严密监控，职工开不出工资，生产线停止运转，产品处在III期临床阶段，销售额基本为0，企业逾期数月不参加年检，工商局准备吊销其营业执照……

初来乍到的潘爱华，不懂企业，不懂市场，完全以一个学者的眼光看问题。然而他最大的特点就是不懂反而胆大。当时的他并不知道这些问题和困难到底有多么艰难，没有一个尺度，唯一的办法就是："硬着头皮做。"

回望科兴的复兴过程，从中可以看到潘爱华与众不同的经营管理思路：由于是医生出身，他做事套路完全按照医生职业的思维定式走，考虑起问题来就如医生面对着病患。在他的眼中，企业就是一个得了急症、命在旦夕的病患。在科兴命在旦夕的情形下，首先应该做的就是稳定其生命体征。

在这种医生思维的影响下，潘爱华先诊断科兴，开出了以"效益为中心"代替"以生产为中心"的"药方"，又亲自深入车间和客户中，解决了生产和销售环节中的诸多问题。在潘爱华的努力下，仅仅两个月的时间，科兴就扭亏为盈——在当时，这无疑是一大奇迹。

潘爱华正是凭借"硬着头皮做"的工作法则，再加上运用得当的措施，才让科兴经历了起死回生的大转折。

"硬着头皮上"看似是一种鲁莽的行为，但是，潘爱华这里的"硬着头皮上"却体现了一名学者的执着与钻劲，同时体现了一个强者不畏艰险、迎难而上的强悍气魄。

我们每个人都应该拥有硬着头皮上的勇气，否则，你永远也无法在拼搏过程中收获胜利，也永远无法品尝到战胜困难所带来的喜悦。

专注于脚下的路

人生的奋斗目标不要太大，认准了一件事情，投入兴趣与热情坚持去做，你就会成功。

——俞敏洪（毕业于北京大学，新东方学校创始人，现任新东方教育科技集团董事长兼总裁）

德国著名文学家歌德曾说："无论从事什么样的工作，只要你具备了一颗专注的心，一定会有所成就。"人不必为天生的才智如何而过多烦恼，能否成功在于自身的努力和拼搏，当然，这其中少不了专注。不是焦点的聚光，是不能起到燃烧作用的。新东方的俞敏洪这样描述过自己的奋斗历程："任何一项事业都是由琐碎的事构成的。一个没有理想的人，每天只忙于琐碎的事，那么他成就的只能是一堆琐碎的事；而一个拥有伟大理想的人，虽然每天也是忙于琐碎的事，可他堆积起来的事业是伟大的。"

谈及林毅夫先生，青少年朋友们可能不知道这个人。他是一位拥有伟大事业的人：他是世界银行有史以来第一位来自发展中国家的副行长兼首席经济学家；在中国众多学者中，他是离诺贝尔经济学奖最近的一位；他曾不顾来自各方面的压力，放弃自己在中国台湾舒适的生活，离开妻儿，只身到北京大学求学；在公派留学后，他不受国外优越的学术研究和物质条件的诱惑，毅然决然地回到北京大学任教；教授学业的同时，他更加注重的是对学生做人做事方面的指导；他的同事、学生、朋友无不称赞他是一位正直、真诚的人……林毅夫先生之所以能够取得种种成就，无不源于他对祖国的热爱，源于他对振兴祖国经济这一理想的坚守，源于他具备高尚的个人品质。

林毅夫先生用他的实际行动告诉我们青少年朋友这样做事和做人：坚守你的心，专注于脚下的路。

现实生活中，在很多时刻，由于环境变好，很多人受到的诱惑多了，专注心就会降低，不能专心地做好一件事，成功的概率也自然降低了。而在艰苦的环境下，由于外在诱惑少，人可以一心一意、摒除干扰地做事情，成功的可能性便会提高很多。

熊十力，中国知名哲学家，开创了新儒家。他曾经任教于北京大学。目前北大还流传着他的很多逸事，其中最有名的就是他"闭门谢客做学问"的故事。

熊十力治学非常严谨、认真，首要的条件是住所要非常安静。所以，他经常是自己住一个院子。

20世纪30年代初期，他的住所是沙滩银闸路西的一个小院子。当时，这个小院子的门总是关着，门上还贴着一张大白纸，上写："近来常常有人来此找某某人，某某人以前确是在此院住，现在确是不在此院住。我确是不知道某某人在何处住，请不要再敲此门。"看到这张大白纸的人无不哑然失笑。

20世纪50年代初期，他的住所位于银锭桥。当时他的夫人在上海，想到北京来住一段时间，顺便逛逛北京城。可是他怎么都不答应夫人来。他的学生知道此事后，便婉转地劝他说，师母来也好，这里可以有人照应。可是，他竟然毫不思索地说："别说了，我说不成就是不成。"他的夫人最终还是没有来。

再后来，他移居上海，仍然是孤身住在外边。

熊十力先生是多么专注的一个人啊！正是他的这种专注精

神，才使他的事业取得了巨大成功。

我们每个人的精力和时间都是有限的，不可能成为无所不知、无所不能的超人。如果将精力专注于一件事情上，成功的概率就会大大提升。这其中的道理是这样的：当我们将心灵专注于某件事情上后，就会不由自主地朝此目标前进，然后以比较宽容的想法去看待其他事情，会看淡一些不相干的事情，在不必要的事情上减少注意力。

爱默生在晚年时反思自己一生的成就时说："让我步入失败深渊的人不是别人，是我自己。我一生中最大的敌人不是别人，是我自己。我是给自己制造不幸的建筑师，我一生希望自己成就的事业太多了，以至于一事无成。"以爱默生的成就，他还这样反省自己，认为自己一事无成，足见他是多么谦虚！青少年朋友可以从他说的话中得到一个启示：做事情应该将主要精力放到一件事情上，三心二意，最终只会一事无成。正如俗话所说的："你要想把天下的麻雀捉尽，结果会一只也捉不到。"

法国著名昆虫学家法布尔就是一个做事极为专注的人。他为了更好地观察昆虫的习性，经常废寝忘食。

一天，法布尔清晨起来后就出去观察昆虫。只见他趴在一块石头旁，久久不动弹。几位邻居清晨去农田干活时看到了法布尔的这一场景，待到黄昏收工回家的时候，看到他还趴在那里，觉得十分不可思议，他们弄不明白："他花一天工夫，怎么就只看着一块石头，简直中了邪！"其实，法布尔经常这样，有时候为了观察一只昆虫的习性，不知度过了多少个这样的日日夜夜。

一次，有位青年内心非常苦恼，他向法布尔倾诉说："我每天不知劳累地将自己所有的精力和时间都花费在我所深爱的事业上，却收效不大。这到底是怎么回事呢？我十分不解。"

法布尔听了他的话，首先表达了赞许之情："由此看来，你是一位献身科学的有志青年。"

这位青年听了，轻轻地叹了口气，说："是啊！我爱科学，可我也爱文学，对音乐和美术我也感兴趣。我把时间全都用上了。"

法布尔听了他的话，明白了他的症结所在，于是从自己的口袋里掏出来一块放大镜对青年说："此后，你试着将精力和时间集中到一个焦点上试试，就像这块凸透镜一样。或许会取得理想的效果。"

能获得成功的人无不专注于一件最喜欢做的工作，他们懂得珍惜时间，将精力和时间放到这项工作的关键点上，攻其难点和重点，力求取得质的进步，成功达成目标。自古以来，我们人类都做不到在同一时间内，既抬头望天又俯首看地。所以说，不专心是做大事的大敌。

万科集团的王石作为业余的登山爱好者曾成功登顶珠峰，被传为佳话。后来有人问他成功的秘诀，他的回答只有两个字："专注。"是的，他在登顶过程中没有留恋沿途奇幻的景观，宿营时也没有和同伴去闲聊，他要节约每一丝力气，以最充沛的体力去走好脚下的每一步。原来成功的秘诀是如此简单！

中国古代的铸剑师为了铸成一把好剑，必须在深山中潜心打造十几年。有道是"十年磨一剑"，为了专心做好一件事，必须远离那些使你分散注意力的事情，集中精力选准主攻目标，专心致志地去做好你要做的事，这样才能取得成功。

成功者只想着自己要的，而非不要的

人生没有捷径，一步一步地走，才走得最快。

——季羡林（曾任北京大学副校长，著名文学家、国学家、教育家和社会活动家）

有句俗语："再冷的石头，坐上三年也会焐暖。"这句话勉励我们要坚定自己的目标，全力以赴。

现实生活中，很多青少年朋友虽然心怀梦想，树立了一个个目标，也勤奋努力，但稍微遇到挫折就打消了前行的念头。这是多么令人遗憾的事情！世界著名科学家爱迪生说过："全世界的失败，有75%只要继续下去都可成功；成功最大的阻碍，就在放弃。"这句话告诉我们，当你选定好一个目标后，最应该做的事情是努力坚持，切忌操之过急。愈挫愈奋，咬住不放，才能一步一步走向成功。

北大一位教授在讲课的时候，与学生谈起了出国留学的话题。他讲了耶鲁大学教授克拉克先生求学的一段经历，鼓励学生在求学的道路上要矢志不移，坚定自己的目标。

克拉克在很小的时候就有一个梦想：改变世界，服务全人类。

克拉克并不是盲目的，他知道，要实现自己的梦想，需要接受最好的教育，而只有在美国他才能接受这样的教育。

然而，令他深感无奈的是，当时的他经济非常拮据，根本没办法支付路费，而他所在的地方离美国很遥远！重要的是，他根本不知道自己要读什么学校、什么专业，也不知道自己能不能被学校接纳。

尽管没有做好充分的准备，克拉克还是出发了，他必须踏上征途。为了省钱，他徒步尼亚萨兰的村庄向北穿过东非荒原到达开罗，在那儿他可以乘船到美国。他一心只想着一定要踏上那片可以帮助他把握自己命运的土地，其他的一切都不重要。

在崎岖的非洲大地上艰难跋涉了整整5天后，克拉克才前行了40多千米。当时他所带的食物吃光了，水也快喝完了，并且还身无分文。若要继续完成后面的路程对他来说几乎无法实现。然而，他告诉自己：出弓没有回头箭，他必须到达美国。因为回去就意味着放弃，就意味着重新回到贫穷和无知，意味着他永远无法实现梦想。

接下来的路程，有时候他和陌生人同行，但更多的时候是自己孤独步行。大多数夜晚他都是过着大地为床、星空为被的生活，依靠野果和可吃的植物维持生命——这种艰辛的跋涉生活使他的身体每况愈下。

去美国，克拉克还有一个难题，就是他必须具有护照和签证。而要得到护照他必须向美国政府提供确切的出生日期证明，更糟糕的是，要拿到签证，他还需要证明他拥有支付他往返美国的费用。在万般无奈之下，他只好厚着脸皮拿起纸笔向童年时曾教过他的传教士写了封求助信。在传教士的帮助下，他很快拿到了护照。然而，他还是缺少领取签证所必须支付的航空费用。

在这种情况下，克拉克没有灰心，而是继续向开罗前进，他相信自己一定能通过某种途径得到自己需要的这笔钱。

几个月过去了，在非洲大陆和美国华盛顿佛农山区，他的故事广为流传。斯卡吉特峡谷学院的学生在当地市民的帮助下，寄给克拉克640美元，用以支付他往返的费用。当克拉克得知这些人的慷慨帮助后，他疲惫地跪在地上，满怀喜悦和感激。

经过两年多的辛苦跋涉，1960年12月，克拉克终于来到了斯卡吉特峡谷学院，他骄傲地跨进了学院高耸的大门，开始了新的人生征程。

很多成功人士在创立基业的过程中都会给自己订立明确的目标，将其视为自己前行的大方向。他们中的有些人虽然一开始确定不了自己的方向，但在一番探索和体验之后，最终必须确定一个自己发展的目标。我们青少年朋友在自己的人生道路上，也要及时树立明确的目标。对于自己的目标，应当像故事中的克拉克那样，矢志不移地为实现它而奋斗。

某知名大学的毕业生龙某常说："我常常把人生目标比作一个池塘，首先要瞄准自己的池塘，然后在里面养鱼、养其他生物，不需要羡慕别人的池塘比自己的大，或者养的东西比自己的多，只要明确自己的池塘是哪个，里面最好养什么、养多少就足够了，然后一门心思地经营好自己的池塘就等着来年收获了。或许自己的池塘不是最大的，不是最好的，养的东西也不是最多的，但是，这就是自己的池塘，如果经营不好，或者放弃了，那就什么都没有了。如果缺乏这样的目标，那就没有方向，所有的努力也就白费了！"在前行的人生道路上，我们青少年朋友也要懂得坚持，一步一个脚印地走好每一段路。

不管你有什么缺点和不足，不管成功的路上有多少困难，只要你有坚定的信念都可以成功。所以，青少年朋友，别想那么多，只管瞄准自己的池塘，一步一步前进吧！

责任，成长的机遇在背后

北大成立于国家处于水深火热之时，各国列强都想在中国分到一杯羹。在这种背景下，当时的北大学子都将"国家兴亡，匹夫有责"作为自己的座右铭。他们去海外留学，学习先进的知识和技术回国来，不断寻求各种强国御辱之方，责任重重地压在他们的肩头，他们与全国人民一起，将侵略者赶出了中国。而如今，时代赋予他们新的责任。他们不忘认清自己，定位自己，在自己力所能及的范围内尽可能多地承担着责任。

责任感造就成功的"内在"环境

利润就是责任，利润来自责任，一个企业承担责任的能力决定其获得利润的能力。

——张维迎（北京大学光华管理学院院长）

生活中，我们经常会听到这样的抱怨："如果环境更好一些，我的成就可能会更高。"我们不否认一个好环境的确有助于造就一个成功的人生，但是好环境可遇不可求，对于我们大部分人而言，始终是不可控的因素。难道，在所谓的"坏"环境面前，我们真的无能为力了吗？我们真的不能凭借自己的能力来改变环境，使它由"坏"变"好"，从而走向成功吗？

有这样的一个故事：

一位父亲，生活得非常落魄，他几乎沾染上了各种恶习，酗酒、吸毒、盗窃、抢劫，几乎无所不为，穷凶极恶，最后死在狱中。这位父亲有两个儿子。大儿子步父亲的后尘，生活堕落不堪，最终也成为罪犯，将在牢狱中度过余生。二儿子非常争气，努力学习，最终考上大学，毕业后成了一名出色的律师，拥有极佳的口碑和美满的婚姻。兄弟俩出生于同样的家庭环境，结果却拥有了如此截然不同的人生际遇。这种反差引来人们的关注，于是记者分别采访了他们。当问及他们何以走上今天的道路时，兄弟俩的理由竟然完全一致："有这样的父亲，我还能有什么办法呢？"

深处同样的家庭环境中，兄弟俩的人生境遇竟然有如此大的差异，原因是什么呢？是由于外在环境吗？外在环境是影响他们人生走向的一个因素，但绝不是决定性因素。他们的差别受一定的外在环境影响外，更主要是内在环境影响的结果。

通常情况下，对我们的人生走向产生影响作用的因素有两大类，即客观因素和主观因素。所谓客观因素，就是我们身处的外部大环境，例如社会环境、人脉资源、学习条件、个人机遇等，这些构成了我们成功所需要的"外部环境"。与此对应，个人能力、心态、人品、责任感等主观因素，构成了我们成功所需要的"内在环境"，其中责任感是这些内在主观因素的核心。一个人，如果拥有责任感，他必定会脚踏实地地学习、工作。这样的人，即便能力平平，也总会比别人多出一些成功的机会。

很多时候，我们没有办法选择自己生存的环境，但如果我们能够用责任去改变自己的"内在环境"，却是可以马上做到的。先改变自己，才能彻底改变自己的命运。正所谓"责任制造环境，环境孕育成功"。

《彷徨少年时》的作者赫塞说："生命究竟有没有意义并非我

的责任，但是怎样安排此生却是我的责任。"对一个人来说，责任伴随生命的始终。无论身处何种环境，能够掌控自己命运的，都是我们自己。面对恶劣的外在环境，我们唯一能改变的就是提升自己，改善自己的"内部环境"。以此来挣脱外在环境对自己的束缚。

中国儒家自古就有修身、齐家、治国平天下的主张，讲的也是要先从改变自己的"内在环境"入手，穷则独善其身，达则兼济天下。青少年朋友，当你尝试着去培养自己的责任心，在学习和生活中主动承担更多的责任时，你或许会发现，你身边的成功机会真的增加了很多。

拒绝差不多，大事小事同等对待

大事皆由小事累积而成，没有小事的积累，也难成大事。

——汪中求（北京大学职业经理人训练班的特聘培训师、著名经济管理咨询师）

你知道中国最有名的人是谁？

提起此人，人人皆晓，处处闻名。他姓差，名不多，是各省各县各村人氏。

差不多先生常说："凡事只要差不多，就好了。何必太精明呢？"

他小的时候，他妈叫他去买红糖，他买了白糖回来。他妈骂他，他摇摇头说："红糖白糖不是差不多吗？"

他在学堂的时候，先生问他："直隶省的西边是哪一省？"他说是陕西。先生说，"错了。是山西，不是陕西。"他说："陕西同山西，不是差不多吗？"

后来，他在一个钱铺里做伙计。他也会写，也会算，只是总不会精细。十字常常写成千字，千字常常写成十字。掌柜的生气了，常常骂他。他只是笑嘻嘻地赔小心道："千字比十字只多一小撇，不是差不多吗？"

有一天，他忽然得了急病，赶快叫家人去请东街的汪医生。那家人急急忙忙地跑去，一时寻不着东街的汪大夫，却把兽医王大夫请来了。差不多先生病在床上，知道寻错了人；但病急了，身上痛苦，心里焦急，等不得了，心里想道："好在王大夫同汪大夫也差不多，让他试试看罢。"于是，这位兽医王大夫走近床前，用医牛的法子给差不多先生治病。结果不到一个小时，差不多先生就一命呜呼了。

这是国学大师胡适先生创作的一篇传记型题材《差不多先生传》中的一段文字，通过这篇文章，我们认识了这位差不多先生，而在看了这么多关于差不多先生的荒唐事迹之后，相信青少年们都不想成为差不多先生这样的人。然而，仔细想一想，你是不是隐隐觉得自己身上还是有着差不多先生的影子呢？你是不是常常也抱着"差不多"的态度对待自己的生活和工作呢？

"差不多先生"虽然只是一个虚构的人物，但在我们的日常工作中，这样的"差不多先生"随处可见。在我们的身边，大而化之、粗枝大叶的人并不少，"差不多先生"比比皆是，好像、几乎、似乎、将近、大约、大体、大致、大概等，成了他们的常用词。就在这些词汇一再使用的同时，各种社会问题出来了：生产线上的次品出来了，矿山上的事故频频发生着，社会上违章犯纪、不讲原则的事情屡禁不止……"差不多先生"可谓害人不浅。所以，我们每一位青少年都应该拒绝做"差不多先生"，无论事情的大与小、重要与否都认真对待。这是责任心的一种体现。

如果被问及电话机的发明者是谁，很多人恐怕都会说出美国发明家贝尔这个名字。但是，当年贝尔这个发明刚准备申请专利的时候，有个叫莱斯的发明家却声称电话是他首先发明的，贝尔剽窃了他的发明，并把贝尔告上了法庭。这到底是怎么一回事呢？

莱斯将贝尔告上法庭后，法庭经过认真鉴定，认为"莱斯电话"和"贝尔电话"相比有着很大的差距："莱斯电话"能用电流传送音乐，可惜的是不能用来传送话音，无法使人们互相交谈；而"贝尔电话"却可以流畅地进行双方通话。面对这个鉴定结果，莱斯非常不服气，他坚持认为是贝尔剽窃了自己的发明。

贝尔却什么话都没有说,他只是在法庭上当着法官和莱斯的面,从怀里掏出一把小起子,把"莱斯电话"上的一颗螺丝钉往里拧了二分之一圈——大约0.5毫米。

就是这0.5毫米!5个万分之一米!"莱斯电话"神奇地可以进行双方通话了!

接着,贝尔改用连续的直流电取代了间断的交流电,从而解决了传送短促、讲话声音断断续续的问题——不能通话的"莱斯电话"变成了实用的"贝尔电话"!

看了贝尔的操作后,莱斯目瞪口呆,说不出一句话来。他放弃了申诉,并感慨万千地说:"我当时以为做得差不多了,谁知道离成功还差0.5毫米,我将终生记住这个教训。"

从表面上看,莱斯的发明和贝尔的发明差不多,然而,正是"0.5毫米"这一细微的差别,使莱斯比贝尔的研究成果落后了几千步。真可谓"失之毫厘,谬之千里"。"差不多"成为"差太多"。

"差不多思想"表面上看起来很豁达、不计较、与世无争,但实际上于个人、于集体、于国家,则有很大的危害!"差不多思想"说到底是一种对个人、对社会极不负责的体现,一种慵懒堕落的处世态度。如果一个人信奉"差不多思想",那么他就会变得马马虎虎、浑浑噩噩,放任自流、缺乏上进心,因为在他眼中,干得好与干得坏差不多,干得多与干得少差不多,干得对与干得错差不多。在这个世界上，我们每个人都有自己的位置，都有自己的做事原则：做医生，其职责是救死扶伤；做军人，其职责是保家卫国；做教师，其职责是培育人才；做工人，其职责是生产合格的产品；做学生，其职责是好好学习……社会上每个人的位置不同，职责也有所差异，但不同的位置对每个人却有一个最起码的要求，那就是摈弃"马马虎虎，凡事差不多"的态度，为自己的工作和生活树立严格的标准和要求，做一个有责任感的人。

做好自己的分内事

我睡着时梦见生活是美人，我醒来时发现生活是责任。

——胡适（曾任北京大学校长，著名学者、诗人、历史学家、文学家）

在一次北大演讲时，创新工场董事长兼首席执行官李开复向北大学子们讲了这样一件事情。

一天，李开复想剪发。家人推荐他去一家理发店找一名叫 Gary（格雷）的理发师。下班后，李开复就径直到理发店找到了这位名叫 Gary 的理发师理发。

Gary 见到李开复别提多激动了，马上就聊开了，李开复也尽量耐心地回答他的每一个问题。40分钟后，理发结束了。

回到家里，家人看到李开复的新发型，一个个都惊呆了！都纷纷质疑说："Gary 的手艺不会这么差啊！"

原来，Gary 只顾跟李开复讨论问题，没有专心为李开复剪头发，以致李开复的发型被弄得惨不忍睹。

看着自己那一头糟糕的头发，李开复下定决心永远不再去这家理发店了。在他看来，年轻的理发师忽视了一点：有理想并追寻理想是好的，但只有先把分内的事做好，才有资格期望更多。

李开复还对北大学子们做了更加透彻的提点："如果你是一个理发师，那么只有先把客人的头发理好，才有资格找客人帮忙。——头发理不好，客人不再来了，以后怎么帮你的忙呢？如果你是学生，那么只有先把书读好，才有资格去实现自己的梦想。——基础课没学好，怎么能找到最合适的工作，来实现自己的梦想呢？"

李开复的这个故事告诉我们：作为年轻人，我们可以有自己远大的理想和抱负，也可以有做大事的真知灼见，但是首先必须尽职尽责，把分内的事情做好，并且全力以赴、尽可能地把它做漂亮。在此基础上再谈远大的目标和理想也不晚。

现实生活中，一些人之所以事情做得不认真、不仔细、不到位，不是他们不能做好，也不是他们不具备做好这项工作的技能和方法，而是他们缺少一种"把分内的事情做得漂亮"的态度。

演讲大师罗素·康威尔曾说："不管做什么事，都要全力以赴。成功的秘诀无他，不过是凡事都自我要求达到极致的表现而已。"优秀的人绝对不会以做完为目标，他们不管做什么事情，只会尽职尽责、做到最好。

尽职尽责，把分内的事情做得漂亮，既是一种责任心的体现，也是一种聪明之举，无论你的工资是高还是低，都应该保持这种良好的工作作风。在承担责任的同时，你履行了诺言、创造了价值、丰富了知识、提升了能力，这一切也许在短期内看不出效果，但却为你今后的成功铲除了荆棘、铺平了道路。如果你能够勇于承担责任，并为自己的承诺付出努力且最后达成，那在人们眼中，你已经是一个有担当、值得信赖的人了，何愁在今后的生活中没有人愿意与你合作、没有人愿意给你提供帮助呢？何愁今后缺乏成功的机遇呢？

在以后的生活和工作中，我们每个人都应该经常自问：我真的已经做到尽职尽责、尽善尽美了吗？我真的已经发挥了自己最大的潜能了吗？如同比尔·盖茨告诫每一个微软员工时所说："我不要求你们一天 24 小时工作，我只希望你们尽全力把分内的事情做到最好。"

礼物十一

创新，唯有打破
才能重塑

创新是一个民族进步的灵魂，一个国家兴旺发达的不竭动力。创新能力决定着一个国家和民族的综合实力。北大学子时刻以国家发展的目标为己任，不断推陈出新，打破固有思维，在科技和思维领域想别人所未想，做别人所未做。特立独行和大胆创新一直是北大学子的标志，他们以自己的非凡想法和气质引领着时代发展的潮流。

走自己的路，成功者需要走不寻常的路

我受了十年的骂，从来不怨恨骂我的人。有时他们骂的不中肯，我反替他们着急。有时他们骂得太过火，反而损害骂者自己的人格，我更替他们不安。如果骂我而使骂者有益，便是我间接于他有恩了，我自然很愿挨骂。

——胡适（曾任北京大学校长，著名学者、诗人、历史学家、文学家）

万事"但开风气不为先"，这是真正的大气魄。作为时代的先行者，需要具备破旧立新的智慧和胆识，纵有千斤重量在身，依然大刀阔斧勇往直前。做学问尤其是这样，很多人之所以在学问方面没有什么建树，很大程度上是因为他们不敢创新，倒在了权威面前。"但开风气不为先"，勇者的锋芒永远展露在压力与逆境中。

张竞生是我国著名的哲学家、美学家、性学家，是当时思想文化界的风云人物，在20世纪二三十年代，他的名字"名满天下"。他曾经被孙中山委任为南方议和团首席秘书，协助伍廷芳、汪精卫与袁世凯、唐绍仪谈判，促成清帝退位；同时，他是民国时期第一批留洋博士，也是民国"三大博士"之一。他的有些观点非常超前，比如，他是我国第一次爱情大讨论的发起人，关于他的观点，鲁迅评价说："25世纪或能通行"；他是我国首位提出计划生育概念的人，比马寅初还早37年；他是第一位在课堂上讲授"逻辑学"的大学教授；他是我国第一位提出"美治"思想的人；他是我国提出和确立风俗学的第一人；他最先翻译了卢梭的《忏悔录》；他是第一位发表人体裸体研究论文的学者……可是，任谁都想不到的是，获得卓越成就的他，竟然因为一本《性史》而声名狼藉，引来无数人谩骂，一直到去世，他都没能摆脱"色情博士"这个称号。

张竞生一辈子都在追求一种浪漫，令人遗憾的是，他追求的那种浪漫，不易被世人接纳。可是，他是个屡败屡战的浪漫斗士，倔强倨傲，特立独行。在北大的历史上，张竞生做出的最大贡献就是开校园风气之先，将性学教育引入了大学课堂——这种做法在当时的社会无异于投下了一颗炸弹，很多人都鄙视他的这一做法。

1920年冬至1921年夏，张竞生担任金山中学的代理校长。他一上任，就立即向广东督军陈炯明递上了一份条陈，内容主要是表述我国人口过多的种种不利之处，主张在全国范围内推行"节制生育"，并建议把广东当作试点，先尝试一下，继而向全国推行。可是，陈炯明自己就子女众多，据说有十几个，他当然不会接受张竞生的建议，反而向张竞生发难："此人大概有精神病。"结果张竞生没有得到重用，就连金山中学的校长之位都没有转正。这是张竞生提倡节育避孕初次受挫，也是他在国内坎坷生涯的开始。从此，他的学术生涯充满了各种批驳。

1921年10月，北大校长蔡元培邀请张竞生担任哲学系教授，专门开展与性心理和爱情问题相关的讲座。他比较欣赏蔡元培提出的关于学习法国民主、科学思想以改造中国旧教育、旧文化的主张，于是结合自己所研究的法国著名哲学家笛卡儿的唯理论进行教学，使我国古老的哲学扩大了反对封建宗教信条的学术视野，对当时的进步青年起了重要的启蒙作用。在北大，张竞生最主要的课程是进行性心理的讲座。其实，早在京师大学求学期间，他就曾经读到过德国人施特拉茨的学术著作《世界各民族女性人体》，这使他对性学研究产生了浓厚兴趣。他认为，"性犹如水"。人怕沉溺，就应该了解水的原理并学会游泳，而不应畏水如虎，不敢接触。性的问题也是同样的道理。因为性知识以及性生活的实行，不仅关系到我们每个人的生活，还关系到我们整个社会的生存与发展。他希望改变国内存在的对于性的问题"不敢言之于口，笔之于书"的状况，将性教育作为一种"必要的教育"切实加以推行。为了更好地讲解性教育，他还特意将美学引入性心理学的教学中。张竞生的教学对我国性教育的发展产生了巨大的推动作用。

在北大教学的那段时间，对张竞生来说，是他一生中学术研究的关键时期，也是他自身独特的性科学学术体系的形成时期。有人说，该时期他的主要学术活动，可用"两部书""三件事"来概括。这"两部书"，即《美的人生观》和《美的社会组织法》。在《美的人生观》这本书中，张竞生提出了"美的人生观"概念。这个概念并非一个虚泛的概念，而是一个实在的系统，其中包括衣食住、体育、职业、科学、艺术、性育、娱乐等七项。他的美的人生观是"这七项共同奔赴的独一无二的目的"。在《美的社会组织法》这本书中，张竞生提出："我国若要图存，非先讲求组织的方法不可。第一步当学美国的经济组织法，使我国先臻于富裕之境。第二步当学日本军国民的组织法，使我国再进为强盛之邦。更进一步，则要运用'美的、艺术的、情感的组织法'，使我国的社会比那些单纯的经济大国和军事大国好上万倍。"从这段言论可以看出，张竞生提倡"性格刚毅、志愿宏大、智慧灵敏、心境愉快的人生观"，反对"靡靡然的艺术，禽兽式的性育"……张竞生的哲学学术理论给北大学子带来了深远的影响，不仅如此，他的思想还影响了一代代人，给全社会增添了一种崇尚自然、回归自由的新风尚。

著名作家、北大教授林语堂非常欣赏张竞生先生，他曾经专门撰文描述他，文章题目为《张竞生开风气之先》。在该文章中，有这么一段话："张博士根本是一位具有坚强意志、丰富现象力的自由主义学者、思想家，毫不忌惮地击破了旧礼教的最后藩篱。"张竞生的学术成果非常大，他不仅精通哲学、美学、文学，在教育方面也取得了卓越成就，更难能可贵的是，他敢于冲破我国几千年来封建思想对性的禁忌，广开言路畅谈性，是一位名副其实的性学家。他的有关性的狂放恣肆的言论，在当时的旧中国，可谓惊世骇俗。但是，他的这种"但开风气不为先"的精神值得我们每位青少年学习。

突破思维定式，从新的视角看世界

想不通时，不妨跳出自己，换个角度，换个思维。

  ——胡适（曾任北京大学校长，著名学者、诗人、历史学家、文学家）

有一句谚语："打开成功之门，必须勇敢地推或者拉。"成功就好比一扇虚掩着的门，需要我们鼓起勇气，勇敢地打破思维定式，这样才可能打开它。

生活中，有很多青少年认为，一个人的命运是注定的，有的人能取得成功就是因为他有成功的命。这种想法是多么幼稚可笑。成功不是命，而是创造性思维的结果。

我们每个人都渴望取得成功，但成功之门并非人人都能打开，只有那些乐于解放自己的思维，善于打破常规，遇到问题进行积极思考的人，才更容易得到成功的青睐。

有这样的一个故事：

在 20 世纪初期，当时的美国妇女认为，平胸才是一种美，那些乳房高耸的女孩子都被认为是没有教养的下等人。所以，为了彰显自己的高贵，当时流行束胸。

伊·黛也饱受束胸之苦。她曾无数次地告诉自己一定要想办法减轻女人的痛苦。当时，她与人合伙开了一家小服装店。她决定将这种想法体现在服装设计中。

如何将女人的痛苦减轻呢？经过一段时间的调研和苦心揣摩后，伊·黛想出了一个折中的方案：用一副小型胸兜来代替捆扎的束带，然后在上衣胸前缝制两个口袋来掩饰乳房的高度。

经过认真地设计，伊·黛终于完成了新服装的样品，并很快做出了大量的成衣，将它们推向市场。没想到，这种新服装一时间供不应求，成了难得一见的畅销货。

伊·黛从这种新服装中尝到了甜头，她的信心也增加了很多。不久，她决定研究出一种比胸兜更方便、更符合女人自然天性的服装。没过多久，她就设计出了一种具有历史意义的产品——胸罩。凭借女人的直觉，伊·黛觉得这种胸罩一定会广受女性的欢迎。但还存在一个问题，就是它会不会受到来自男性世界的反对和阻挠呢？这不是没有可能！因为男人们是那么自私，而他们的审美观又是那么可笑。

经过一番思考后，伊·黛决定尝试一下，跟传统观念较量一番。不久，她成立了"少女股份有限公司"，批量生产胸罩。

没想到，胸罩这种在当时属于反传统的产品在纽约上市后，宛如平地一声惊雷，引起妇女界、服装界的轰动。这批胸罩很快被抢购一空。当然也有一些反对者，但呼应这些反对者的人寥寥无几，很快，反对者的声音就被淹没了。女孩子们看到反对之声渐渐平息，自己的胆子也就大了。没多久，胸罩便逐渐成为一种新的时尚。

伊·黛的少女公司也随之迅速壮大，几年后，员工由最初的十几人增加到上千人，销售额增加到几百万美元。

任何一种服务都有改进的余地，这也是商人们展示经营才华的一个重要阵地。谁能率先推出一种市场接受的新产品，谁就有可能从同行中脱颖而出，成为市场的领先者。聪明的伊·黛凭借着自己敢于打破常规的精神取得了事业的成功。

在日常生活中，很多人都喜欢运用常规的思维方式，因为这种思维方式比较便捷，让我们在思考同类或相似问题时，节省很多摸索和试探的步骤，少走甚至不走弯路，由此可以将思考的时间缩短，而且不浪费精力，最重要的是可以提高思考的质量和成功率。可是，这种思维定式有个缺点，就是它会起一种妨碍和束缚作用，会使人陷在旧的思维模式的无形框框中，难以进行新的探索和尝试。所以，青少年朋友如果想有大的突破，不能局限于常规思维，应有打破常规的精神，摆脱束缚思维的固有模式。某位心理学家曾经说过："只会使用锤子的人，总是把一切问题都看成是钉子。"这句话说得非常有道理。著名演员卓别林就曾经饰演过一位类似的角色，在《摩登时代》里，主人公的工作是一天到晚拧螺丝帽，这就造成了一个结果，即一切和螺丝帽相像的东西，他都会不由自主地用扳手去拧。这很可笑，却引人沉思。错误的习惯往往会使人习惯错误，带来不好的结果，更严重的是，会使人故步自封，妨碍未来的发展。

成功就是打破思维框框，绝不自我设限。青少年朋友如果也想成功，那么在日后的学习和生活中也要善于打破常规、不断推陈出新。

想别人所未想，做别人所未做

思想是人的翅膀，带着人飞向想去的地方。

——俞敏洪（毕业于北京大学，新东方学校创始人，现任新东方教育科技集团董事长兼总裁）

很多人都喜欢吃螃蟹，觉得螃蟹美味可口。可是，当你品味螃蟹的美味时，有没有想过这个问题：第一个吃螃蟹的人是谁呢？这位无名英雄值得我们学习。因为他非常勇敢，敢于第一个品尝螃蟹，想别人所未想，做别人所未做。

在做事时，要敢想敢做，勇于尝试，才会拥有更多成功的机会。成功者之所以会取得成功，是因为当周围的人都还在犹豫不定、左右徘徊的时候，他就已经开始行动了。现实世界中很多事实也证明，若想获得别人无法获得的成功，做到别人不能做成的事情，首先应该做到的就是想别人所未想，做别人所未做，抢占先机。如此，抓住成功的机会的可能性才会大很多。

从北大毕业后，孙晓峰（化名）一直想着自己创业。为了寻找思路，他每天在大街上"闲逛"。一天，他走到一个居民区，看到一位大妈把一盆花扔进了垃圾桶里。于是，他走上前问："阿姨，多好的一盆花啊，您为什么要把它扔掉呢？"那位大妈无奈地说："养久了，花盆中的泥土越来越少，只能扔啊！""那您为什么不放点泥土进去呢？""在城市里我们去哪儿找合适的泥土哇！那得跑到郊区去才行，太折腾了！"孙晓峰说："这真是太可惜了。正好我住的地方有泥土，明天我给您送点泥土来。"大妈听了别提多高兴了。

第二天一大早，那位大妈就来到原处等孙晓峰。见他真带来了泥土，连声道谢，并且付给了他15元钱。

在城市泥土竟然这么值钱啊！这让孙晓峰看到了一线商机。于是，每天一大早他就装上一大袋泥土，到市区的大街小巷叫卖。但几天后，他就失望了：没有一个买主。他想了好几天，终于明白了：只有养花的人才会买泥土，而他们一般都把花放在阳台上，如果先在楼下观察谁家的阳台上摆了花，再向这户人家推销泥土，不就省劲了吗？有了这个主意，他又背起泥土出发了。

果然不出孙晓峰的所料，通过这次推销他真挣了 30 元钱。这次成功，一方面让他为自己的创意欣喜，另一方面也让他感慨万千，毕竟 30 元钱实在太少了。

孙晓峰不禁思考：为什么买泥土的人那么少呢？问题到底出在了哪里？为了找到答案，他特意询问了一个以前买过自己泥土的老人。老人说："小伙子，你卖给我们的泥土里没有什么养分，时间一长，花就又枯了。你说大家还会买吗？"他这才明白泥土里还有学问呢。

于是，孙晓峰就去书店买了一些相关的书籍学习。他这才知道，原来花盆里的土要加一定比例的肥料。看了好几天，他慢慢摸索出用肥的门道了。之后，他特地买了一些包装纸将泥土包装好，注上"高肥花盆土"的字样，然后再去兜售。这样一来，他所卖泥土的价格相对于以前提高了几倍，买泥土的人也比以前多了很多。到了月底，除了肥料、生活费等一切开支，他净挣了3000 多元钱。

为了进一步扩大业务和稳住顾客，他就租了一间民房作为自己卖泥土的基地，并在泥土的配方上下功夫。他先后推出了甲类、甲类 A 级花盆土等多种品种，分别标明富含钾、磷、氮等元素，适用于种植月季、菊花等不同的花卉。他还聘请了一位农科院的技师做顾问，为养花人解决实际问题。后来，他一个人忙不过来，就雇了一名员工，表哥也过来帮他的忙。

一天，孙晓峰的朋友告诉他，他所在的酒店要在大门口和大厅里摆很多花，可能需要一大批花盆土。孙晓峰眼睛一亮：自己以前只知道把花盆土卖给居民，从来就没有想过卖给一些单位。如果能把泥土推销给单位的话，一次卖出的花盆土就是一大批，这样不是更赚钱吗？于是，他立即和那位朋友一起去洽谈这项业务。由于有朋友做介绍，生意一谈即成。事后一算，仅这一项业务就赚了1万元。

这件事对孙晓峰的触动很大，他决定把大部分的精力转向一些大单位，把普通居民这一块交给朋友操作。这样一来，他的营业额比以前增长了许多倍。有一次，一家大型国有企业一次性在他那里买了5万多元的泥土，他除掉成本开支足足挣了2万元。

泥土里竟然刨出了黄金！推销泥土这种人所未闻的生意竟让孙晓峰赚得盆满钵满，他的这种想别人所未想、做别人所未做的精神值得我们每个青少年去学习。

成功者往往都是主动思考者。他们不是等到问题来了或矛盾出现了，才去思考，而是时刻都处于思考的状态中。因为他们的思维非常活跃，可以随时随地捕捉和储存最新鲜的思维素材，并进行最快速的思维加工，抢在别人前面产生创意。由此，最先抢到"先机"的往往是他们。

所以，青少年朋友，在以后的生活中，要打破常规，勤于思考，随即付诸行动，这样你也会像孙晓峰那样走出一条独特的成功之路的。

创"新"之前，先用"心"

愈艰难，就愈要做。改革，是向来没有一帆风顺的。

——鲁迅（曾在北京大学任教，著名文学家、思想家、革命家，中国现代文学的奠基人之一）

生活中，很多人总爱抱怨自己时运不济，找不到任何创新的先机。当看到别人有所成就时又会悔恨不已，殊不知别人的"新"是用"心"换来的。凡事只有用心去做，才会激发出更多的智慧和想法；只要用心去做，就不会存在难以逾越的困难，创新就不是一件难事了。

正所谓"处处留心皆学问"。在创新领域中，能否做到处处留心，其结果是大不相同的。

北大某教授在上课时，曾经讲过这样的两个故事。

第一个故事：

法国著名化学家、尿素的发现者维勒就有过一个很痛心的经历。在一次化学试验中，维勒曾发现一种特殊的沉淀物，但他对此并没有留意，只是主观地认为这种沉淀物可能是铬的化合物。然而，他的同学瑟夫斯特木在瑞典做同样的试验，对这种新现象采取了与维勒完全不同的态度：细细深究，紧追不放。通过多次实验，终于越过维勒发现了新的化学元素"钒"，名垂化学史。

第二个故事：

这个故事的主人公是美国科学家卡罗瑟斯。卡罗瑟斯原本是研究人造橡胶的。一次，他的助手告诉他，试验中橡胶容器里的残渣极难清理，用热玻璃棒掏挖这些残渣，残渣竟黏在棒端上，拉得很长很细都去不掉。这一现象引起了卡罗瑟斯的注意，他想，能不能把这"很长很细"的东西做成人造纤维呢？就这样，风靡全球的尼龙诞生了。

法国科学家巴斯德曾说："机遇只垂青有准备的头脑。"这应该是创新活动中的一条真理。科研人人搞，各种现象常常出，关键是看你对这些现象持何种态度。而社会现实也一再警醒我们，在进行创新的过程中，做个有心人非常有必要。举些例子：就拿固体体积换算法则来说，它是阿基米德在洗澡的时候无意中发现的；而万有引力呢？它是牛顿从苹果下落这个现象想到的；雄性不育野生稻，是袁隆平过铁路时偶然发现的……这样的例子古往今来有很多。很多伟大的创新成果，都是在大家看来很平常的生活现象中发现的。只不过，于平常的生活中发现创新点，需要我们做个有心人，用"心"才能创"新"。

诚信，诚者天下之道

康德曾经说过："这世界上只有两样东西能够引起人心深深的震动，一是头上灿烂的星空，一是我们心中崇高的道德。"诚信是中华民族的传统美德，在中国长达五千年的璀璨文明中，诚信教育具有悠长的历史，已经打下深厚根基。北大是中国教育学府之首，始终坚持传统的诚信教育，诚信做人，诚信做学问，一直是北大学子默记于心的黄金法则。

坚守诚信，内心永远坦然

对待一切善良的人，不管是家属，还是朋友，都应该有一个两字箴言：一曰真，二曰忍。真者，以真情实意相待，不允许弄虚作假；对待坏人，则另当别论。忍者，相互容忍也。

——季羡林（曾任北京大学副校长，著名文学家、国学家、教育家和社会活动家）

2009年7月，著名学者、国学大师、北京大学资深教授季羡林先生在北京辞世，享年98岁。季老虽然走了，但在北大校园里，季老其人其事却至今仍为人津津乐道。其中有这么一件，令无数北大学子感慨万千，难以忘怀。

季羡林先生穿着极为朴素，经常会被人当成学校里的老工人。20世纪70年代的一个新生报到的日子，北大校园里新生云集，一位刚刚考取北大的年轻人兴高采烈地到北大报到。这位年轻人一个人肩扛手提，好不容易找到设在大饭厅的新生报到处，又要忙着去注册、分宿舍、领钥匙、买饭票……忙得手忙脚乱。在忙乱中，他的行李无人看管。就在他感到无助的时候，见路边站着一位面容慈祥的老人，于是便委托这位"老大爷"代为照看行李。半天下来，年轻人东奔西走，忙得不亦乐乎。待忙过一切，发现已时过正午，这才想起扔在路边托人照看的行李，当即一路狂奔着找回去，只见烈日下那位"老大爷"仍呆立路旁，手捧书本，悉心照看地上懒洋洋的行李。年轻人对老大爷千恩万谢，庆幸自己吉人天相，头一次出远门就碰上了好人——就这样，在烈日的照耀下，老大爷认真地帮着年轻人看了将近两小时的行李，一点儿怨言都没有。

第二天的开学典礼上，年轻人往主席台上观望，竟然发现昨天帮自己看管行李的"老大爷"竟然赫然端坐在主席台正中，找人一打听，才知道原来他就是大名鼎鼎的北大副校长季羡林。

我们在感叹季老先生朴实、善良的同时，也深深地为其诚实守信的品格所折服。在这两小时的等待中，任谁都会深感焦急。作为堂堂的副校长，他完全可以委托校内同事或者学生帮忙看管，自己去忙自己的事情。但他没有，在烈日下，他一直等到年轻人的到来，亲手将行李还给他。这样的前辈、这样的品质，怎能不令我们深深感动并折服呢！

诚信是一种美德，它可以让人们的生活变得更美好；诚信是一种语言，它可以让人们彼此信任；诚信是人与人之间的纽带，它可以让人们之间变得更加亲近。季老先生凭借自己的诚信美德，获得了众多学子的尊敬和爱戴。

青少年朋友，我们做人为什么要讲诚信呢？因为诚信会使我们内心坦然，而说谎、虚假、欺瞒，则会折磨我们的良心，让我们的心境处在一种灰暗、忐忑不安、时刻紧张的状态中。这种自我折磨正是不诚实的必然结果。

在很长一段时间里，美国作家马克·吐温的死都是一个悬念，很多人都非常不理解，那年冬天，年迈的马克·吐温为什么要独自在严寒大雪中站立3个小时，结果得了严重的肺炎，不幸去世。后来，我们终于从马克·吐温留下的文字中找到了答案。原来在这位著名作家的身上曾发生过一件令他深感痛苦的事情。

一次，马克·吐温的夫人外出办事，临出家门时一再嘱咐他好好照看他们还不到4个月大的孩子。马克·吐温连声答应了。夫人走后，他将安置孩子的摇篮推到了走廊里，自己则坐在一张摇椅上看书，以便就近照料。

当时正值寒冬，室外气温低到零下19℃。由于沉溺于阅读中，马克·吐温竟然忘记了周围的一切，甚至连孩子的哭声都没有听到。过了很久，当他放下书时，才猛然想起自己将孩子放到了走廊里。赶紧过去一看，发现摇篮中的孩子早将被子踢在一边，已经冻得奄奄一息了。夫人回来后，马克·吐温没敢对她说出真相，怕夫人责怪自己。他的夫人只当这孩子受了风寒。后来，孩子死了。夫妻两人为此悲痛欲绝。马克·吐温更是深感愧疚，他不断埋怨自己没有尽到做父亲的责任。然而，他一直都没有勇气将真相说出来，以免使夫人更加痛苦。

多少年来，马克·吐温一直对夫人隐瞒着此事，直到夫人去世之后，他才在自传中陈述了这件使他抱憾终身的往事，并且以在寒冷的大雪中受冻的方式来惩罚自己的过错。

马克·吐温隐瞒真相给他带来了巨大的良心谴责。妻子去世后，马克·吐温公开了事实。风烛残年的他既不求得到世人的宽恕，也不逃避这样做可能给自己带来的谴责或指控，他唯一的渴望是自己得到心灵的宽恕。

诚信，行走社会的道德资产

伟大人格的素质，重要的是一个诚字。

　　——鲁迅（曾在北京大学任教，著名文学家、思想家、革命家，中国现代文学的奠基人之一）

一个人如果想取得成功，一定不能少了诚信的品质。时刻讲究诚信，你才会获得真正的幸福，得到更多的发展机会。

我国古代圣贤孔子曾说"事君能致其身"，他教导我们，不论同学还是朋友有求于你，如果你已经答应帮忙，就要尽心尽力、言而有信，否则不要轻易答应。受人之托，忠人之事，不能是表面上愿意帮忙，表现出恭敬的样子，背地里却丝毫不放在心上。不讲究诚信的人，会被同学和朋友疏远的。

曾有一个小男孩，他从小居住在小城镇，父亲在小城镇上开了一家饭店。

一天，某建筑公司经理出差经过此地时，所乘坐的小汽车发生了故障，抛锚在父亲开的饭店门前。

当时正是中午时分，父亲赶紧热情招呼这位经理进饭店进餐。经理一边吃饭一边和小男孩的父亲商量怎么找人修车。可找遍附近所有维修点，都说这位经理的车是原装进口车，缺少配件，修不了。

无奈之下，经理只好把车托付给小男孩的父亲照看，租车回去购买配件。

小男孩很喜欢车，但他父亲却不允许他靠近经理的车，并对他说："这位经理既然将自己的车托付给我们照看，我们就应该将车照看好，做人应该信守承诺。"他将父亲的话深深地记在心里，不但自己不靠近车，还守在车旁，不让那些淘气的小孩子靠近车。

也许那位经理不放心将这么贵重的车放在这家饭店，第二天一大早就风尘仆仆地赶过来了。当那个经理看到这个守在车边的小孩子护卫着车，不让别的孩子靠近时，非常感动，就要给他看车费。

小男孩的父亲连连摆手："咱这又不是摆摊看车的，收什么看车费！谁出门不会遇上个难事，你在我这里吃饭，是我的顾客，我帮你看车是应该的。再说了，我已经允诺替你看车，我就会将车保护好，否则我就是失信，你再给我看车费不是小看我了吗？"那个经理感动极了。后来，那个经理就决定帮助小男孩的父亲扩大饭店的经营，投资了几十元，小男孩父亲的饭店在这笔资金的帮助下，生意红红火火。

故事中的小男孩和他的父亲，用自己的实际行动践行了"守信"二字的可贵。他们也凭借自己的"守信"品质获得了那位建筑公司经理的投资，扩大了自己饭店的经营。可谓好心有了好报。

生活中，我们随处可以见到这样的人：他们到处许诺，却又兑现不了自己的诺言，落得一身"人情债"。有人说许诺就是负债，因为你是要还的，否则和一个言而无信的小人有何区别呢？

对人讲信用，是一个人的做事之本。一个人，应该将诚信品质贯穿于自己的所有行为中，用诚信要求自己，让诚信成为自己的习惯。

人无信不立，良好的信誉能给我们的生活和事业带来意想不到的好处。青少年朋友，无论是在生活还是工作中，我们都要做到"言必行，行必果"。答应别人的事情一定要尽心尽力，言而有信，这样，你才会受到更多人的欣赏和信赖。

守时，就是守住信誉

时间就是生命，无端的空耗别人的时间，其实无异于谋财害命。

——鲁迅（曾在北京大学任教，著名文学家、思想家、革命家，中国现代文学的奠基人之一）

青少年如果想成为优秀者，就要具备很多素养，其中之一便是守时。正如大家常说的："时间就是金钱，时间就是生命。"

既然时间如此珍贵，那么做事守时就显得至关重要。

诚实守信者都是掌握并运用时间的高手，他们深深懂得守时的重要性。在他们的眼中，时间是世上所有物品中最有价值的一种：它往往是各种问题、各种场合的致命核心，在社会交往中尤其如此。和同学约好去一个地方时，你是否能按时到达约会地点；进入职场后，每一个工作日你能否准时坐在办公桌前；工作中与人谈判时，你能否在约定时间坐到谈判桌前……假如你在这些时候、这些场合错过了时间老人的提示，那么你的信誉很可能会在别人眼中降低。由此可见，如果你想成为别人眼中的守信者，"守时"的好习惯是一定要具备的。

当今时代，生活节奏快，更需要我们具备守时意识。守时，理应是现代人所必备的素质之一。然而令人遗憾的是，不守时的情况在我们身边时有发生：上课时间到了，总有那么几个人爱迟到；约会时间到了，有的人就是不见踪影；要求什么时间要办完哪件事，到时总有人不能按时完成……这样的事情在生活中太多了，实在让人烦恼。如果只是偶尔一次不守时，似乎也情有可原，然而你仔细观察一下，就会发现，在某些人身上不守时的事是经常发生的。这样的人怎么可能会得到别人的认可，更别谈别人对其的信任了！别人怎么能放心地将事情交给一个不守时的人呢？

在一家软件公司上班的李文静是一个时间观念很差的人。有一次，在她的再三努力下，她的客户——一家高科技公司的经理终于给了她回音，让她在星期三上午9点到经理办公室去，与她面谈公司软件的项目。

但李文静在那天去见该经理的时候，比约定的时间迟到了15分钟。等她到时，经理已经离开了办公室，去出席一个会议了。过了几天，李文静便再去见该经理。经理问她那天为什么迟到，害得自己白等了半个小时。

李文静回答道："洋森先生，那天我在9点15分来了啊！"

"但是约定的时间是9点钟！"该经理提醒她。

李文静还是不服气，以狡辩的语气回答道："我知道。但是我以为迟到了15分钟是无关紧要的，你就等不及了吗？"

该经理很严肃地说："无关紧要？你要知道，准时赴约是件极重要的事。在这件事上，你已经失去了你所向往的那笔业务，因为已在当天下午，公司又接洽好了另一个人。我要告诉你，你不能认为我的时间不值得，以为等一二十分钟是不要紧的。老实告诉你，在那一二十分钟的时间里，我还预约了两件重要的谈判项目！"

故事中的李文静的做法实在太不应该了。当然她也受到了应有的惩罚，本已经到手的机会，因为不守时而泡汤了。她的教训告诉我们青少年朋友，一个人守时，是言而有信、尊重他人的表现。反之，不守时，则是对别人的不尊重，结果受害的只能是自己。

在当今职场中，存在这样一个不可忽视的现实：有的人由于工作忙碌、时间紧张，接待客人的时间受到限制，最多谈话不超过三分钟，对于这样的人来说时间就是生命。面对这样的人，你如果不守时，想让人家等待，那么无异于白白将到手的机会拱手让人，更可怕的是，你可能永远失去了和这个人交际的机会。

不守时的人没有这样的意识：你没到，别人却在等你，这种等待是不公平的，是浪费别人的时间，甚至是生命。如果你确实因为急事或意外事故而不能按预约的时间到达，那么你应该及时打电话告知对方。总的来说，在与人交往中，守时是一个人品格是否良好的表现。一个人如果不守时，即便他再优秀、能力再强，也不会获得别人的信赖，更不要谈和他人深交了。

守时，也就是守住信誉。一个遵守约定时间、能准时到达的人，必定是个言而有信的人。由此，也会赢得更多的信任与尊重。

著名作家鲁迅曾经说过："时间就是生命，无端的空耗别人的时间，其实无异于谋财害命。"是的，守时是对别人生命的尊重，也是对自己信誉的提升。

亲爱的青少年朋友，你今天"守时"了吗？

与人相处，贵在真诚

我有两种看待人生的方法。在第一种方法里，我把我自己摆在前台，和世界一切人和物在一块玩把戏；在第二种方法里，我把我自己摆在后台，袖手看旁人在那儿装腔作势。

——朱光潜（曾任北京大学教授，著名美学家、文艺理论家、教育家、翻译家）

提到"诚信"二字，有的青少年认为，既然社会上有许多不诚信的事情，那么，自己就可以随波逐流，不在乎诚信。甚至有些青少年认为，读书时就应该开始练习如何拍马屁，这样才能为以后更好地融入社会打下基础。

我们不否认，这个世界并非完美，在任何时代、任何社会都难免存在不诚信的人和事，但是我们要对无所不有的社会现象有一个独立的判断，把这些不诚信的人和事看作是例外，而不能把它们当作正确的存在。毕竟诚信才是整个社会的主流，绝大多数人的身上都闪耀着诚信的光芒。

青少年在和人交往的时候，要知人而交，对不了解的人，应有所戒备，对基本了解、可以信赖的朋友，应该多一点信任，少一些猜疑，多一点真诚，少一些戒备。这就是用真诚换来真诚。时间久了，你会发现，如果我们在发展人际关系时，用诚信取代防备和猜疑，会收获更多的朋友。

英国作家哈尔顿在编写《英国科学家的性格和修养》一书时，需要采访达尔文。一天，达尔文接受了哈尔顿的采访。

哈尔顿知道达尔文这个人非常坦率，于是他的访问方式非常直接，他不客气地直接问达尔文："您的主要缺点是什么？"

"不懂数学和新的语言，缺乏观察力，不善于逻辑思维。"达尔文回答道。

"那么，您的治学态度是什么呢？"哈尔顿问。

"很用功，但没有掌握学习方法。"达尔文回答道。

…… ……

达尔文的回答真是既坦率又真诚，值得我们每个人为之鼓掌。按理说，像达尔文这样享誉全球的大科学家，在回答哈尔顿提出的问题时，说几句不痛不痒的话，甚至为自己的声望再添几圈光环，又有谁能说什么呢！但达尔文没有这么做，他认为"一就是一"，甚至把自己的缺点都毫不掩饰地袒露在众人面前，如此高的境界，换来的必是真挚的信赖和尊敬。

青少年朋友在与人交往中也要学习达尔文这种不虚假、诚信待人的精神。你敢于说真话、说实话，朋友们也会为你的诚实所感动，便会从心底喜欢你。而后，他回报给你的，必将也是说真话、做实事。

有一首诗说得好："行经万里身犹健，历尽千艰胆未寒。可有尘瑕须拂拭，敞开心扉给人看。"我们青少年在为人处世中，要懂得以诚待人，大胆敞开自己的胸怀，做到坦荡无私、光明正大，即便发现对方的缺点或错误，也不要说一些虚伪逢迎的话，应及时指正他，或许他会更感激你。

然而，在如今这个物欲横流的社会里，真诚却渐渐成为一些人追求事业成功、人生价值的牺牲品。我们青少年朋友千万不要成为这样的人。另外，也要注意一点，当你准备捧出赤诚之心时，要先看看站在面前的是何许人，不应该对不可信赖的人敞开心扉。否则，可能会取得适得其反的效果。

以诚待人，可以使人与人相互信赖，相互关爱，携手并进。做个诚实待人的人，你会发现，自己真诚实在，敞开心扉，对方会感到你信任他，从而消除对你的猜疑、戒备心理，视你为知心朋友。

以诚为本、不虚假，是我们每位青少年都应该拥有的品格之一。"诚"是这个世界上最为宝贵、最为稀缺的东西，甚至可达到无坚不摧的地步。它是一颗自由的心灵对于自己内心真正渴求和需要的东西的全面开放和兼容，是对于他人、宇宙万物的一种关怀和博爱。我们每位青少年朋友都应该心怀这种"诚"。

积累，读书万卷更行路万里

　　任何事情都不是一蹴而就的，没有一定的知识和经验积累，普通人是很难轻易地办到一件事情的。因为"不积跬步，无以至千里，不积小流，无以成江海。"人们常讲，厚德载物，厚积薄发，北大人就深谙此理，因为只有破万卷书，行万里路，去掉书呆子情结，自己才会有成功的可能。在他们学习和工作的过程中，始终都坚持着学习的态度，并且能够不受外界的影响而始终坚持自己认定的道理，一步一个脚印，最终是能实现理想，达到自己的目的。

成功来自不断积累和沉淀

为学有如金字塔，要能广大要能高。

> ——胡适（曾任北京大学校长，著名学者、诗人、历史学家、文学家）

西方人有句话非常有名："罗马不是一天建起来的。"中国有句话也同样有名："冰冻三尺，非一日之寒。"这两句话有一个共同的意思，那就是：成功需要积累。

成功并非全是大起大落的潮涌，它有时候也蕴藏在花影细流之中。一些零碎的时间、一个常被疏忽的细节、一点不起眼的小钱、一种看似无用的坚持……这些点滴的积累就构成了成功的意义。

现实生活中，很多人之所以一事无成，往往不是因为没有能力，而是缺乏耐心，看不上每次进步的一点点，而急于求成，结果放弃了每次的一点点进步，也就放弃了希望，放弃了成功。

在古印度有这样的一个故事：

一天，皇帝和一位有名的棋手下棋，问这位棋手要什么赏赐。棋手说，他只要在棋盘上第一个格子里放一粒米，然后第二个格子里放两粒米，第三个格子放四粒米，依此类推，放满64个格子就行了。皇帝听了棋手的话，非常高兴，便毫不犹豫地答应了。

可是，当后来兑现赏赐时，皇帝傻眼了，因为他将全印度一年收获的全部粮食加起来也不够赏赐的。

有谁能够想到，棋盘上这一格到下一格的微不足道的积累，到后来竟然成了天文数字。

在这个故事里，棋手之所以得到了那么多的赏赐，正是运用了"积少成多"的积累的力量。

正所谓天道酬勤、水滴石穿。诸多事实都证明了一个道理，那就是成功需要积累，需要积累经验，积累能力，积累人脉，积累成绩等。而这一切都离不开恒心和坚持，我们只要能坚持不懈地朝着一个方向努力，任何微小的量变，最终便将产生质的改变。正如古人所说的："千里之行，始于足下，九层之台，始于垒土；合抱之木，生于毫末。"我们每一天若都能进步一点点，持之以恒，定能积小胜为大胜，变平庸为神奇，找到成功的钥匙，实现人生的价值，创造辉煌的成绩。

生活中，很多青少年朋友都有自己的梦想，都渴望获得人生的成功。但是，智大才疏往往阻碍着我们前行。很多人看到的只是成功人士功成名就时的辉煌，却忽略了他们在此之前所进行的艰苦卓绝的努力。事实上，人世间绝对不存在不劳而获的成功。任何人的成功都来自于辛勤的劳动和点滴的积累。

成功需要积累，这是一条最原始也是最简单的真理。伍迪·艾伦说："生活中 90% 的时间只是在混日子。大多数人的生活层次只停留在为吃饭而吃、为搭公车而搭、为工作而工作、为了回家而回家。他们从一个地方逛到另一个地方，事情做完一件又一件，好像做了很多事，但却很少有时间从事自己真正想完成的目标。就这样，一直到老死。我猜想很多人临到退休时，才发现自己虚度了大半生，剩余的日子又在病痛中一点一点地流逝。"卓越者与平庸者之间的距离，并不像大多数人想象的是一道巨大的鸿沟。二者的差别只是体现在一些小小的动作上：每天花 5 分钟阅读、多打一个电话、多努力一点、在适当时机的一个表示、表演上多费一点心思、多做一些研究，或在实验室中多试验一次——如此点滴的积累，才让卓越者与平庸者之间的距离一点点拉长。

某项调查结果显示，美国 41 万个百万富翁中，78% 的人年龄超过 50 岁，他们的财富都是通过连续二三十年每周 7 天做相对枯燥的工作获得的。由此可见积累的重要性。

有一个十三岁的男孩，他来自美国佛罗里达州，名字叫萨和特。萨和特曾经靠帮人照顾婴儿赚取零用钱。后来，他留意到家务繁重的婴儿母亲经常要紧急上街购买纸尿片。于是他灵机一动，决定创办打电话送尿片的公司，只收取 15% 的服务费，便会送上纸尿片、婴儿药物或小件的玩具等东西。

萨和特最初只向附近的家庭提供服务，受到了大家的欢迎。很快，他的名气大起来，四面八方的家庭都打电话订购。为了拓展自己的业务，他印了一些卡片四处分送，这使他的业务迅速发展，生意奇佳，而他又只能在课余用单车送货，于是他用每小时6美元的薪金雇用了一些大学生帮助他。

现如今，他已经拥有了多家规模庞大的公司。

读成功人士的传记我们会发现，他们无不从小事做起，从小买卖做起，从小钱赚起。他们的经历生动且真实，并告诉我们青少年：人生，需要点滴的积累，青春也能在积累中走向成功，青少年一定要注意在生活中的积累，不仅要积累经验，还要积累教训。

财富在于一点一滴的积累

财富不在远方，财富就在我们自己的脚下。

——曹文轩（北京大学教授，著名作家）

金钱的积累，从"每一个硬币"开始。在富裕人士的财富积累过程中，不会因为钱小而弃之，他们深知积小成大的道理。他们认为，没有积少成多的意识，就无法创造大财富。

北大毕业生袁天放（化名）是个典型的80后，早在读高中的时候，在就职于一家银行的姐姐的影响下，他就有了一定的储蓄意识。当时，虽然只是简单地将压岁钱存成定期，但也算是比较不错的，因为同龄人大多还处在懵懂的花钱时期，他就将压岁钱分别存了三年和五年的定期。

高中毕业后，袁天放顺利考入了北京大学。来到北京的他，为了节省开支，每个月都将生活费做简单的规划，所有的支出都在自己的掌握之中，合理地计划自己的花销，所以他每个月基本都有结余。于是，他将省下来的那部分生活费定期存入银行。

大学毕业后，袁天放就职于一家私营企业。他的薪水不算很高，不过，他每年都会制订储蓄计划。就这样，他的钱慢慢累积起来了，有了一定的资本。

后来，在一次和同学聊天时，他听说国债和基金也是一种不错的理财方式，正巧同学在做这方面的兼职，于是他就拜托同学讲解了一下如何投资。听了同学的讲解后，袁天放心动了，于是他开始了理财的第一步。从储蓄习惯上来看，袁天放是比较保守的，所以同学向他推荐的是风险系数小的国债，袁天放拿出储蓄金的一半买了三年期的国债。

再后来，兴起了一股人民币理财产品的热潮，不大了解的袁天放尝试着投入了 2 万元，收益在 4% 左右，比定期储蓄利润要高一些。

让袁天放真正下了苦功夫研究的是基金。基金定投方式比较简单，也比较适合上班族长线购买。他先在各网站了解信息，查看基金购买要点；又查看各个基金公司的综合实力，结识基金经理；还从经济类的电视节目中了解到一些推荐的基金，了解了基金发行的基本情况。经过反复比较和慎重选择，他选择了几只自己比较看好的新基金，后来，这几只基金的回报率都超过了 6%，可以算是一笔不小的收益了……

通过这种不断的积累，大学毕业三年后，袁天放就在北京拥有了自己的房产，过上了幸福的生活。

从袁天放的例子我们可以看出，财富的积累不在于你每个月能赚多少钱，而在于你能够将你的钱"照看"到什么程度，避免它们不知不觉地从指缝间溜走。任何庞大的数字永远都是从小小的"1"开始的，财富在于创造，更在于积累。

现实中，绝大部分成功者，他们的起点都并不高，并非一开始就想着要做大生意，赚大钱。于他们来说，成功的要诀在于，凡事从细小的地方入手，一步一步积累财富，如此，财富的雪球才会越滚越大。

与恒心为伴，岁月且长

写作主要是做到每天坚持，哪怕一天写一千字、几百字。一年下来几十万字，也就很可观了。

——朱光潜（曾任北京大学教授，著名美学家、文艺理论家、教育家、翻译家）

青少年朋友要懂得一个道理：若想取得成功，最忌讳的便是"一日曝之，十日寒之"。遇事浅尝辄止，不坚持去做，必然碌碌终生而一事无成。在这个世界上，越是珍贵的东西，则费时愈长，费力愈大，得之愈难。即便是燕子垒巢，工蜂筑窝也都非一朝一夕的工夫，人们又怎能企望轻而易举便获得成功呢？

　　正所谓"天上没有掉下来的馅饼"。作家姚雪垠为了写成长篇历史小说《李自成》，竟耗费了四十年的心血；数学家陈景润为了求证"哥德巴赫猜想"，他用过的稿纸几乎可以装满一个小房间。大量的事实告诉我们：点石成金须恒心。

　　"木成林，可蔽天日；水成海，可孕万物。"物贵在有恒，人更是如此，故而做人做事要有恒心。恒心是成功之母，恒心，是一个人想在自己的　生中有所作为的必不可少的一部分。恒心，是一种水滴石穿的坦然，是一种卧薪尝胆的欣然。有恒心，才会取得辉煌的成绩。正所谓"与恒心为伴，岁月且长"。

　　北大化学系的刘穗然（化名）正是凭借着恒心跨进了北大的校门。

　　关于成功，刘穗然的一个核心理念是，一名成功者必须要具备"三心"，即信心、恒心和决心。"一个优秀的人，要自信地面对社会；做事时必须持之以恒，同时还要有坚持到底的决心。"

　　刘穗然正是在高中三年持之以恒的奋进中取得了优异的成绩。对此，他回忆道："我刚进高中的时候，在班级只排第17名，总觉得最后考个复旦之类的大学就心满意足了。然而，在新生见面会上，我听老师讲了一个'17名男生'的故事，他说那名男生入学时在班级排第17名，最后在高考时却考入了北京大学，老师说那是那个男生持之以恒、坚持努力的结果。我真的感觉这个故事就是讲给我听的。"

从此之后，刘穗然开始了自己的北大探索之路。他先是给自己制订了各种学习计划，然而严苛遵守这些计划，凡是遇到自己想偷懒的时候，就给自己重述那个'17名男生'的故事。是的，成功贵在坚持，我一定要有恒心，坚持不懈地努力下去。在这种自我激励中，刘穗然凭借705的成绩复制了那个'第17名男生'的辉煌——他也顺利地迈进了北京大学的大门。

俗话说：滚石不生苔，坚持不懈的乌龟能快过灵巧敏捷的野兔。人生就如一场马拉松，最后的胜利都是属于坚持到最后的人，持之以恒是我们在遇到困难时仍然继续努力的能力。大多数成功者的秘诀都有两个——第一个是坚持到底，永不放弃；第二个就是当你想放弃的时候，回过头来看看第一个秘诀。持之以恒，是开启胜利之门的金钥匙。一个人有了坚强的毅力和决心，就能轻而易举战胜一切困难；反之，一曝十寒，终将一事无成。

人类迄今为止，还不曾有一项重大的成就不是凭借坚持不懈的精神而实现的。大发明家爱迪生如是说："我从来不做投机取巧的事情。我的发明除了照相术，也没有一项是由于幸运之神的光顾。一旦我下定决心，知道我应该往哪个方向努力，我就会勇往直前，一遍一遍地试验，直到产生最终的结果。"在通往成功的道路上，我们会遇到很多的困难和挫折，面对这些困难和挫折，有的人会却步，有的人会另寻途径，有的人会坚持，而胜利往往都是属于最后的坚持者。

在漫长的人生道路上，我们可能会遭遇各种挫折，解决的办法有很多，其中最重要的是持之以恒。正所谓"人有恒心，万事可成"，青少年若想取得成功，必须要有永不放弃的恒心。要相信，阳光总在风雨后，坚持到底就会迎来胜利的曙光。

塑造自我，构建属于自己的人生

我们的人生到底该如何度过，是人云亦云，随大流，还是独立自主，追随自己的内心？我们应该毫不犹豫地选择后者。如何才能坚持走自己的道路，而不是走弯路，走邪路？我们要好好地经营自己，管理好自己。从认识自我开始，明确自己的目标，设定自己的发展方向，从学业到事业，完成人生的完美蜕变。管理好自己，谁都可以创造出奇迹。

自我更新，让你越来越出色

过去与将来，都是那无始无终永远流转的大自然在人生命上比较出来的程序，其中间都有一个连续不断的生命力。一线相贯，不可分拆，不可断灭。

——李大钊（曾任北京大学教授，伟大的马克思主义者、杰出的无产阶级革命家）

孔子曰："吾日三省吾身：为人谋而不忠乎？与朋友交而不信乎？传而不习乎？"意思是："我每天都要反省：为人做事是个是忠实？与朋友交往是不是讲信用？老师传授我的学业是不是复习了？"孔子将自省看得非常重要，每天都要做到。

其实，孔子这里所提及的"自省"，颇有点"自我更新"的意思。所谓"自我更新"，不仅是指一种对新知识的学习，还包括了对各种新的经验、新的观念的接受，这是避免失败的前提。

乐于自省、善于自我更新的人是工作、生活中深思熟虑的人。自我更新是一个人自觉性的表现，能这样做，其进步必然快。古人云："反己者，触事皆成药石。"一个人只要多进行自我更新，多反省自己，就可以不断总结经验教训，提高自己。对青少年来说，自我更新同样重要。通过自我更新，我们能够及时检查并发现自己的每一个细小过失，进一步有目的地严格要求和提高自己，防微杜渐，使自己不走或者少走弯路。

新加坡著名人士周颖南最喜欢说的一句话就是："与其被淘汰，不如自我更新。"他的话道出了在适应社会的过程中自我更新的重要性。

生活中有这样的一些人，他们的共同特点是不喜欢改变，安于现状，缺少野心，没有创新动力，对当前生活无比地满足，通常不会主动改变自己，更不会为自己制造和寻找改变的机会，情愿接受所谓的"命运"或"运气"的主宰。安逸的生活对他们来说，是终生所追求的最高目标。他们从来不会主动为自己充电，也不会抓住一切能够磨炼自我的机会。所以，他们中的绝大部分人都是平庸者。

当今时代的更新换代非常快，如果不积极学习、充电，进行自我更新，很快就会被不断发展的社会所淘汰。所以说，无论在何时何地，青少年都不要忘记随时进行自我更新，给自己充电，这样才能在竞争日益激烈的社会环境中更好地生存下去。如果能够认识到自我更新、自我磨炼的重要性，并将之付诸行动，即使是一粒普通的沙子，也能成为美丽的珍珠。

曾经有一个养蚌人，他最大的愿望是培育出一颗世界上最大最美的珍珠。闲暇时刻，他经常去海边的沙滩上，一颗一颗地问那些沙粒是否愿意变成珍珠。虽然沙粒们很渴望变成光辉璀璨的珍珠，但一想到蜕变过程中要承受的痛苦，再对比现实生活的安稳，都果断拒绝了。

很多年过去了，养蚌人没有得到一颗沙粒的肯定答复。

就在他快要绝望的时候，有一颗沙粒回答说"愿意"。旁边的沙粒听了，都纷纷嘲笑它，说它太傻，去蚌壳里住，远离亲人朋友，见不到阳光、雨露、明月、清风，甚至缺少空气，只能与黑暗、潮湿、寒冷、孤寂为伍，不值得。

然而，那颗沙粒还是随养蚌人去了。

几年过去了。当初的那颗沙粒已然成长为一颗晶莹剔透、价值连城的珍珠，而曾经嘲笑它傻的那些伙伴们，却依然只是普通的沙粒。

不经过痛苦蜕变过程的磨砺，沙粒又如何能够变成珍珠呢？同样的道理，青少年朋友如果不为自己的将来打拼，磨砺自己，又如何能够成长为栋梁之材呢！在我们人生的道路上，每一次辉煌的背后都有一个凤凰涅槃的故事。磨砺本身就是生命旅途中一道不可缺少的风景。所以，我们青少年朋友应该珍惜并感谢生活所赐予我们的每一次自我磨砺、自我成长的机会，通过及时地自我更新，让自己的人生变得更加出色、精彩。

"丈量"自己的内心，时时审视自己

用心聆听内心的声音，才不至于做出违心的决定。

——林语堂（曾在北京大学任教，著名学者、文学家、语言学家）

有位哲学家曾讲述了这样的一个故事：上帝在我们每个人的肩膀上都挂上了两个袋子，一个袋子挂在我们胸前，另一个袋子挂在了我们背后。挂在胸前的袋子里装着优点，而背后的袋子里则装着缺点。

这引发的结果是：我们每个人只要一睁开眼睛，看见的就是自己的优点和别人的缺点。所以每个人都认为自己最优秀，而别人最愚蠢，因而对别人总是求全责备，对自己总是肯定赞扬——其实，这是一种认识的偏见。没有以公平、公正的态度审视自己和他人，从而高估了自己，看低了他人，由此影响了对人对事的态度，进而影响到自己为人处世的方式方法。

在这种情况下，我们要学会"丈量"自己的内心，经常回过头审视自己。一个东西，用秤称过，才知道它的轻重，用尺量过，才知道它的长短。世间万物，都要经过某些标准的衡量，才知道究竟。而一个人也应该如此，经常反观自省、审视自我，才能正确地认识自己，进而指导自己的行为。

人生最大的敌人是自己。那些认真审视自己、时刻反省自己的人，才可能真正觉悟。正所谓"知人者智，自知者明"。真正的聪明人必须具备自知之明。何谓自知之明？孔子说："知之为知之，不知为不知，是知也。"圣人都有自知之明，是因为他们时刻审视着自己，这样的人，一般都很少犯错，因为他们会时时考虑：我的缺点有哪些？为什么失败了或成功了，等等。这样做就能轻而易举地找出自己的优点和缺点，为以后的行动打下基础。

反省是一棵智慧树，只有深植在思维里，它才能与你的神经互联，为你提供源源不断的智慧，让人生这条路变得简单、精彩起来。可见，在以后的生活中，我们青少年若想取得进步，也要时时审视自己，做到不断自我反省。

经营自己，发现自己的潜在优势

每个人的自我都是独一无二、不可重复的，每个人都理应在唯一的一次人生中实现这个自我的价值。

——周国平（毕业于北京大学哲学系，著名学者、散文家、哲学家、作家）

勤奋有才华却未有所成、依然贫穷是可悲的，但人生最大的悲剧与不幸却并不在此，而在于我们不知道自己有什么样的能力，应该如何经营自己的能力。

　　现实生活中，很多人辛劳一生，见识无数，但却未能认识自我，不知道能够做什么，找不到自己的优势，结果所做的一切都变成了"瞎忙"，庸庸碌碌一生。

　　人生的诀窍就是学会经营自己，发现自己的优势，经营自己的长处。富兰克林曾说的"宝贝放错了地方便是废物"，就是这个意思。在人生的坐标系里，一个人如果站错了位置，用他的短处而不是长处来谋生的话，那会异常艰难甚至可怕，他可能会在永久的卑微和失意中沉沦。

　　奥托·瓦拉赫是诺贝尔化学奖获得者。然而中学时代的他，并不是一个成绩优异的孩子。当时，他的父母希望他闯出一条文学之路，但是他的老师把父母的这一想法否定了，老师给出的评语是："瓦拉赫很用功，但过分拘泥，这样的人即使有着完美的品德，也绝不可能在文学上发挥出来。"无奈的父母只好放弃了让儿子成为文学家的想法，听取了儿子的意见，让他学习油画创作。可是，令父母失望的是，他的成绩在班上是倒数第一，老师的评语更加令人难以接受："你是绘画艺术方面的不可造就之才。"

　　瓦拉赫的"笨拙"让绝大多数老师倍感失望。只有他的化学老师给予了他充分的肯定，认为他做事一丝不苟，是做化学实验的好苗子，于是建议他试学化学。

瓦拉赫的父母接受了这位化学老师的建议，让孩子改学化学。这次，瓦拉赫的智慧火花一下被点着了，他的化学成绩十分优异。后来，有关瓦拉赫的这种现象被称为"瓦拉赫效应"。

"瓦拉赫效应"告诉世人：我们每个人的智能发展都是不均衡的，都有智能的强点和弱点。瓦拉赫找到了自己智能的最佳点，才使自己的智能潜力得到充分的发挥，取得了优异的成就。这就启发我们青少年，要善于寻找自己智能的强点，发现自己潜在的优势。而幸运之神也往往喜欢那些找到自己强项的人。

马克·吐温是很多青少年都知道的世界级大文豪，殊不知他的成才之路走得也并非一帆风顺。

年轻时代的马克·吐温曾经是一名商人，但并没有取得什么成就，结果是，不仅自己多年用心血换来的经费赔了个精光，还欠了一屁股债。他的妻子奥莉姬是个智者，他明白丈夫没有经商的本事，但是在文学上确有很深的造诣，于是帮助他鼓起勇气，振作精神，开创文学之路。

后来，在妻子的鼓励和支持下，马克·吐温最终摆脱了经商所带来的失败的痛苦，在文学创作上取得了卓越的成就。

成功学大师安东尼·罗宾曾经在《唤醒心中的巨人》一书中

非常诚恳地说道："每个人身上都蕴藏着一份特殊的才能。那份才能犹如一位熟睡的巨人，等待着我们去唤醒他……上天不会亏待任何一个人，他给我们每个人以无穷的机会去充分发挥所长……我们每个人身上都藏着可以'立即'支取的能力，借这个能力我们完全可以改变自己的人生，只要下决心改变，那么，长久以来的美梦便可以实现。"是的，我们要想成才，首先就要了解自己。了解自己，找到自己的优势，然后好好地经营它，久而久之，我们定能在该领域开花结果。

所以，青少年朋友，如果你是一个不甘平庸、想成就一番事业的人，那么就在认识自己优势的这个前提下，扬长避短，认真地做下去吧！